EIYOU HAO WENPING DE RIZI,WO SHUO GUSHI

没有好文凭的日子，

我说故事

北方妇女儿童出版社

长春

图书在版编目（CIP）数据

没有好文凭的日子，我说故事／（美）法兰克·布鲁尼（Frank Bruni）著；王洋译. -- 长春：北方妇女儿童出版社，2017.3

书名原文：WHERE YOU GO IS NOT WHO YOU'LL BE:An Antidote to the College Admissions

ISBN 978-7-5585-0314-6

Ⅰ．①没… Ⅱ．①法… ②王… Ⅲ．①成功心理－青少年读物 Ⅳ．①B848.4-49

中国版本图书馆CIP数据核字(2016)第212010号

WHERE YOU GO IS NOT WHO YOU'LL BE:An Antidote to the College Admissions
By Frank Bruni

Copyright©2015 by Frank Bruni

Simplified Chinese translation copyright © 2016 by Beijing Adagio Culture Co.,Ltd.

著作权合同登记号　图字：07-2016-4697

出 版 人	刘　刚	
出版统筹	师晓晖	
策　划	慢半拍·马百岗	
责任编辑	张晓峰　苏丽萍	
封面设计	胡椒设计	
开　本	880mm×1230mm　　1/32	
印　张	9	
字　数	162千字	
印　刷	北京富达印务有限公司	
版　次	2017年3月第1版	
印　次	2017年3月第1次印刷	

出　版	北方妇女儿童出版社
发　行	北方妇女儿童出版社
地　址	长春市人民大街4646号
	邮　编：130021
电　话	编辑部：0431-86037512
	发行科：0431-85640624
定　价	39.80元

献给所有在人生的十字路口畏惧、迷茫的年轻人。
我们本应给你们提供一条更好、更有建设性的道路。

Contents

目 录

"最终，我们夫妻二人都进入了特拉华大学求学。这所学校的氛围
使我们感觉到，只要努力，就会有所成就。"

——克里斯·克里斯蒂

新泽西州州长，特拉华大学 1984 届毕业生

"三四十年前我上大学的时候，曾问过父亲什么是常春藤盟校。他
告诉我，'那些学校里有很多狂妄自大的女生，你肯定不想去。'"

——珍妮弗·德拉亨特

凯尼恩学院招生办公室前主任、亚利桑那大学 1980 届毕业生

目　录

津大学的最最幸运的孩子都有些自命不凡，而我不认为自命不凡会对事
业有帮助。"

——克里斯汀·阿曼普

美国有线电视新闻网主持人，罗德岛大学 1983 届校友

"如果你天资聪颖却努力不足，你将会也一定会被那些虽然资质平
平但却加倍努力的人超越。"

——布里特·哈里斯

桥水联合基金前任总裁，德州农工大学 1980 届毕业生

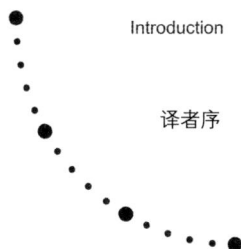

你是兽群的领袖，还是温室的绵羊？

又到一年一度高中毕业季了，我（本书译者）也收到了大量邮件，询问如果距离重点学府仅几分之差，要不要再试一年。事实上，有著名大学文凭不再意味着一定能找到好工作。大学毕业生很有可能会在与自己资历不匹配的岗位上工作几年。当然，一些优秀的毕业生能够攀至最优秀的 1% 的群体中，但是这条路越来越难走了。

别误会，我不认为上重点大学（或者选择某个高端职业）是为了赚大钱。对于成功的定义，仁者见仁，智者见智，我不认为挣了很多钱就是成功。我自己对成功的定义是：一个人实现了他符合普世价值观的理想。即使不能改变世界，也应该懂得如何生活得充实而有意义，并建立有意义的事业。

陶行知先生早就深刻地指出："教育是什么？教人变。叫人变好的是好教育，叫人变坏的是坏教育。活教育叫人变活，死教育叫人变死。不教人变、叫人不变的不是教育。"人的禀赋是有差异的，但各有所长，皆有潜能。充分考虑学生的个体差异，因材施教，发展特长，开发潜能，都有可能成才，这是教育的根本任务。李岚清同志也曾指出："'有教无类'，应该说，每个学生都是可以培养造就的。"

美国前国务卿康多莉扎·赖斯在担任斯坦福大学教务长的时候，说道："我觉得，我们太早地局限了学生的选择空间。"丹佛大学是赖斯的母校，在 2014 年才真正进入公众视野。

赖斯说，伟大的教育不是被动体验；而是主动体验。在丹佛大学读书时，她参与到学生会工作，还曾短暂地在校刊兼过职。她管理校演讲团：这使得她有很多机会与来学校访问的杰出人士会面和接触，并保持对时下新闻的关注度。她说："我很积极。我总是第一个在办公时间预约第一周课的学生。之后，我便了解到自己是多么想与他们交流，多么想充分利用这些交流机会。"

她还补充道："几乎每所高校都有充满活力和精力的教员。我在丹佛大学发现了约瑟夫·科贝尔，我的命运就此改变。"尽管已经在圣母大学获得政治学硕士学位，她依然回到丹佛大学做了科贝尔的博士生。这个决定和大学排名或名声等级无关，而只与她通过自己的主动性建立的一种关系有关，也与适合自己的规划有关。

　　星巴克公司主席及总裁舒尔茨在回忆他在北密歇根大学的经历时说道:"有一个来自布鲁克林的犹太男孩来到密歇根半岛。我是宿舍里唯一的犹太孩子。我记得经常能听到这样的话,'我从没见过犹太人。'"他经常开玩笑说,如果他进了常春藤盟校,可能现在会是个人物;当然,他自己并不相信这一点。他说,北密歇根大学让他受益匪浅,受益的方式很难衡量,而且无法将其归类。

　　他说,大学最重要的是他在那里"长大成人",对离布鲁克林很遥远的地方有了一些了解,并且被迫自食其力。这种经历以某种有益的方式使孩子成长。这个过程也是孩子培养坚定信念的过程。舒尔茨说,至少他从成功选择高校这件事上收获了一项特别的长处,即自我调节能力。他说:"我自小在农田里长大,而我的大学同学都来自中西部地区,如密歇根州、俄亥俄州、伊利诺伊州等。"所以对于同学们来说,舒尔茨是异类;反过来也一样。"无论在课堂内还是课堂外,如果你置身于一群有着不同背景的年轻人当中,这种经历在我看来会为你今后的发展加分不少。"舒尔茨说,"我并不是说这种经历在顶尖大学不存在,但是,如果你进入一所名不见经传的公立大学就读,在课堂外的经历会是一种不一样的教育。"

　　《商业周刊》2011 年评出的"有史以来最伟大的 15 家科技

创新企业"包括苹果、微软、脸书、推特等，其中多数知名公司创始人不仅不是常春藤盟校的毕业生，甚至连大学文凭都没有。

目前，脸书是仅次于谷歌的世界第二大网站。2014 年每月有 13.9 亿用户使用脸书，每日活跃用户 8.9 亿。脸书目前市值 2085 亿美元，超过了辉瑞制药 2039 亿美元的市值。扎克伯格这个年仅 30 岁连大学文凭都没有的毛头小伙子被《耶路撒冷邮报》评为"世界上最有影响力的犹太人"。

苹果公司的创始人史蒂夫·乔布斯也是个大学辍学生，他是在汽车库开始创业的，30 多年里取得了 313 项个人专利。美国总统奥巴马称他是"美国历史上最伟大的创新者之一"。

微软创始人比尔·盖茨被《哈佛校报》称作是"哈佛大学历史上最成功的辍学生"。2007 年 6 月 7 日，盖茨在哈佛大学毕业典礼上诙谐地说："如果我在你们开学典礼上演讲，估计你们没有几个人能坚持到今天毕业。"

推特创始人杰克·多西、埃文·威廉姆斯、比兹·斯通均是大学辍学生，其中，威廉姆斯认为读大学是浪费时间。让人难以想象的是，这个互联网大亨开始创业时甚至对互联网一窍不通，但他认为互联网前途无量，凭满腔热情成为互联网巨头，他成功的诀窍就是创新，不愿跟在别人屁股后面模仿复制。

优步打车软件创始人特拉维斯·卡兰尼克 1998 年从加利

福尼亚大学退学创业，2009 年 3 月发布的优步引发了出租车行业颠覆性的革命。到 2014 年年底，优步在 53 个国家的 200 多座城市的打车服务中占据了很大市场份额，市值估值已达 400 多亿美元。卡兰尼克在福布斯"2014 年最富的 400 名美国人排行榜"名列第 290 位，净资产 30 亿美元。

以上这几位推进了人类文明进程的美国人都没大学文凭。法国哲学家让·保罗·萨特有句名言："选择决定人生。"我们不否定那些著名大学在传播文明、探究真理、促进科技进步方面的作用，但我们也不能迷信好的文凭，仅凭一纸文凭根本不能公平地评估自己的水平。如果你把文凭作为"敲门砖"，那就等于逼迫自己必须进入最好的大学拿到最好的文凭，这不仅耽误了你的成功时机，也扼杀了你的创新萌动。

综上，本书想要说的是：

✓ 功利性的名校狂热，对你的人生毫无意义。

✓ 重点不在于上哪所大学，而在于你有多努力。

✓ 新的环境，是一场华丽的冒险，是一个更大的平台。

✓ 在适合的位置，每个人都能有所创造。

✓ 成为精英的关键在于，你是如何上大学的。

✓ 将遗憾转化成勇往直前，你将获得一个重塑自我的机会。

因此，年轻人，永远不要低估自己的潜力。人生的剧本要自己书写，而且要写得精彩！

Introduction

引　言

　　彼得·哈特并未执着于哈佛大学、普林斯顿大学抑或其他常春藤盟校。在新特利尔中学读书时，他可不是"两耳不闻窗外事，一心只读圣贤书"的学生。芝加哥北部几个高档社区的孩子都在这所学校就读。该校每年有将近千名毕业生，这些学生基本上都会选择继续读大学。而且，通过自己在年级中的排名和辅导员的建议，他们能知道应该把哪些高校定为目标。彼得的一个朋友在班上成绩排名前五，她的目标是耶鲁大学，并且最终得偿所愿。彼得的排名在三百名前后：在高手如林的新特利尔中学，这个名次也算差强人意，他的目标是考入密歇根大学或伊利诺伊大学的本科商学院。

　　遗憾的是，这两所学校都把他拒之门外了。

　　最后，他被印第安纳大学录取，并怀着平静的心情走入了大学校门。他的想法很简单——充分利用学校资源来规划他的事业和成年生活。

一上大学，他就感觉到了不同之处。新特利尔中学虽然是一所公立学校，但竞争的激烈程度丝毫不亚于私立学校。在这所学校里，他时常感到自己的普通，至少是在学习方面。他无法像其他同学那样神气十足，侃侃而谈。在举手发言、发表看法和参与竞选方面，他并不十分积极。然而，在印第安纳大学的大一新生宿舍和班级里，同学们水平参差不齐，不像新特利尔中学那样各个成绩优秀。于是，彼得的自我感觉开始发生变化。

2014 年 6 月，在彼得过完 28 岁生日后不久，我采访了他。他告诉我："我真的觉得自己很能干，也越来越自信"。大学第一年，他的成绩突飞猛进，平均分拿到 3.95。这优异的成绩也使他能够加入本科商科专业的荣誉项目进行学习。课余时间，他也在不断进步：吸引教授的目光、当选校园商业联谊会副主席，筹措资金成立了一家微型房地产企业——他购入小房子，将其装潢，之后租给同学——并在校外寻找参加几家知名咨询公司面试的机会。通常来说，这些公司都会从常春藤盟校筛选人才，而很少到印第安纳大学这样的学校进行招聘。一毕业，他便在波士顿咨询公司芝加哥办事处寻得一份美差。也正是在这家公司，他认出了另外一名新员工：

那个考进耶鲁大学的他在新特利尔中学的校友。顶着耶鲁大学光环的她与彼得殊途同归。

彼得在波士顿咨询公司供职三年，之后跳槽到一家位于曼哈顿的私募股权公司工作了两年。我采访他的时候，他已经在哈佛商学院学习了一年，并即将开始第二年的学习。他说，没错，许多哈佛同学的本科毕业学校都比他有名，但他并不认为印第安纳大学的学习经历令他羞于启齿。况且，和大部分哈佛商学院工商管理硕士专业的同学一样，彼得已经走出象牙塔很多年了。对他们能考上哈佛大学以及在哈佛大学的表现来说，本科毕业后在工作岗位上所学到的东西比课堂上所学到的更加有用，母校出身的作用也相对暗淡了。

印第安纳大学的求学经历给他带来深远影响，原因在于这段经历使得他成为一个更加坚定勇敢的人，并激发出他内心深处尚未展现的才能。他说："我想做小池塘里的大鱼。"现在，如果他愿意的话，他能够与鲨鱼一起遨游。

26岁的珍娜·莱西经历了和彼得一样的大学申请过程。她比彼得晚两届，就读的菲利普艾斯特中学也是一所出类拔萃的学校。她家住在新罕布什尔州，而这所学校离她家的距离不到一千米，所以她申请了走读。她的成绩虽不是名列前茅，但得到的 A① 也不算少，在菲利普艾斯特中学这所全美知名的预科学校里，这个成绩还算优秀。她曾任市越野队队长，并活跃于各种学校社团活动中。丰富的经历使她在毕业之际荣获很多人梦寐以求的荣誉，而这项荣誉是颁给那些对学院有特殊贡献的学生的。

珍娜有个明显的短板：她的 SAT② 成绩中数学部分仅六百出头。许多名校越来越重视新生的 SAT 成绩，因为其已经成为新闻杂志《美国新闻与世界报道》年度高校排名的一项参考指标。该排名自 20 世纪 80 年代问世以来，影响力呈指数增长。其实，珍娜的志愿——高校克莱蒙特学院非常重视这个排名，甚至后来被披露其招生办主任所提交的新生 SAT 数据虚高。

珍娜很早就向克莱蒙特学院提交了入学申请，可惜未被录取。

她深受打击，不太愿意接受这个现实。这小小的不甘心也使她没有被击垮，而是马上调整自己的志愿，普遍撒网，向乔治城大学、埃默里大学、弗吉尼亚大学以及克莱蒙特学院

注：

① 美国学校评分为 A、B、C、D、F、I 几个等级，A 为优秀，B 为良好，C 为一般，D 为勉强可以，F 为不及格，I 为未完成；老师可以在评分时附加 + 或 - 号，以表示超出或不足。

② 美国学术能力评估测试，高中生申请美国大学的入学资格和奖学金的重要参考。

的姊妹院校波莫纳学院都递交了入学申请。同时，她还另外申请了几个学校垫底，尽管在她看来这样做其实没太大必要。

早春时节，录取信息如约而至。四所大学都把她拒之门外。她感觉自己好像中了魔咒：因为就在高中毕业前最后一个学期伊始，她第一个正式交往的男朋友向她提出了分手。她的前任男友是斯坦福大学大二学生，是那类因为她不够优秀而拒绝她的高校学校。她的成绩足够申请哪所学校呢？到底是怎么回事？许多她在菲利普艾斯特中学的同学都成功申请到了常春藤盟校或其他同品质的大学，珍娜觉得自己并不比他们差。难不成是因为其他同学的家庭条件比她好？

她只知道，同学们都成功了，而她失败了。

她对我说："我觉得自己很没用，那段时间的我情绪很低落。"

据她回忆，她当时只剩下两个选择。一个是斯克利普斯学院：这所高校是克莱蒙特学院的另一所姊妹院校，不过没有波莫纳学院要求高。另外一所大学是南卡罗莱纳大学。这所学校为了吸引珍娜，还给她提供了巨额奖学金。但是珍娜认为："这所学校太一般了，我希望能进名校，希望得到赞美。"这就是大学申请过程留给她的东西。她决定要抓住任何可以炫耀的资本。

不过随后，好运降临了。暑假期间，当她南下前往南加州，去考察斯克利普斯学院的校园环境以及感受这所高校是否适合她时，她才意识到，生活最艰难的时刻已经过去，而她并没有被打倒。离她被打倒还差得很远。事实上，这种经历将其他人给予或未能给予她的肯定与她所认为的——不，是"认识的"——区别开来。

一天，她刚好报名参加从斯克里普斯到墨西哥城市蒂华纳的一日游，到当地一个异常贫穷的社区帮忙画些画并参加其他公益活动。回想起她抵达目的地时的情景，她说："我怀抱着一个快要断气的小宝宝，孩子的母亲没钱给他看病。站在那里，我能看到边境线另一端的美国，那情形令人触目惊心。"这一幕一直停留在她的脑海里。于是，读大二那年，她向学校申请津贴，用以支付暑期在蒂华纳居住的费用，因为她想为穷人家的孩子提供帮助。她成功拿到了津贴。

于是，这种模式出现了。她说："我敢于提出申请，因为我知道即使是被拒绝了，我依然是有价值的。"被拒绝是很正常的，被拒绝并不代表世界末日。

她参加了学校的一个比赛，获胜者可以和吉米·卡特一起在墨西哥参加周末义工活动。她赢得了比赛。她还申请到塞内加尔读书，之后又申请了巴黎的高校，两所学校都愿意录取她。毕业之后，她到"美丽美国"工作。离职前夕，她争取到"美丽美国"学校行政方向的一项特殊款项，而通常来说，这个款项只提供给具有更多相关经验的教育家。然而，珍娜不仅申请到了这项拨款，随后又获得一项联邦拨款，用以为一所小学撰写超过三百页的校章。这所她主张创办的小学位于她现在居住的城市——凤凰城。这所学校于 2014 年 8 月正式开学，主要面向低收入家庭的孩子招生。珍娜是这所学校的共同创始人，也是招生运营部的主管。

她说："如果不曾多次尝到被拒绝的滋味，我绝没有这样的勇气，顶着失败的压力一往无前。这种被拒绝的美妙之处在于，它能使人发现自身潜在的强大力量。"

彼得的经历很特殊吗？我不这样认为。每个人闪光的年龄段不同，所适合的领域也不尽相同。中学的土壤仅适合一部分人茁壮成长。

珍娜的经历也并非独一无二。关于她经历的细节，用"属于自己的故事"来描述最恰当不过了。然而，一部分人能够按计划完成目标而获得幸福感和满足感，却有十倍百倍的人不得不临时更改剧本，在他们从未打算涉足的剧场扮演从未想象过的角色。生活的本义在于承受挫折和失败，而成功则取决于区分二者并迎难而上的能力。一次选择并不能决定一切。

既然如此，为何如此之多的美国人——无论是焦虑的父母抑或是惶惑的孩子——把大学申请看作人生的成败之举？

本书创作之时，正值3月月底春季发榜高峰期，毫无悬念，周围对"录取""被拒""保底学校"等内容的谈论不绝于耳。他们的孩子已经等待了三个月甚至更久，等待是否被所申请的理想学校录取的消息。消息随时有可能发布，悬念也随时会揭晓。

历经去年和前年的三月之后，我对录取流程已经耳熟能详——与足以承担子女高额教育支出的美国富裕家庭比邻而居，就意味着对高校录取程序和关键时间节点的知晓。每年11月1日是提前批次学校的申请截止日，而常规申请则始于每年1月1日。每年4月1日前夕，学校会发布录取信息。届时，我便能在我家附近看到喜不自胜的家长和郁郁寡欢的家长。这些强烈的情感反应通常会使我驻足，因为这些情绪中"颇有跻身于名校成败在此一举"以及"进私立学院或大学好过公立学校"的意味，然而这个观点并没有证据支持，还有无数类似于彼得和珍娜的身边的例子以及常识可以作为反驳的证据。对名校的狂热追逐正在生根发芽，且大有越演越烈之势。

我所形容的仅仅是少数美国家庭的心态。这些家庭大多将关注点放在确保孩子能考上一所体面的高校[①]——任何一所——以及赚钱付学费上。爱丽丝·克里曼在位于加州湾区的门罗阿瑟顿中学担任大学升学顾问。当我向她问起大学录取在过去二十年中有哪些重大变化时，她提到了对名校的渴望与执着。在她看来，最大的变化在于，"越来越多的学生因费用问题而放弃第一志愿"，暗示了过去十年间萧条的国内经济和高昂的高等教育费用。她提到的第二大变化是，高校愿意为非法移民学生提供并增加助学金，这在她看来是个好的趋势。她的回答提醒我们的是，对常春藤盟校及同档次大学的迷恋更多的是一种荣耀而非困扰。

从申请名校的学生数量与日俱增以及大学入学辅导种类越来越繁复、费用越来越高可以看出，为此屈服的家长和孩子不在少数。为学生准备并润色一系列入学申请资料已经成为一个专业化产业链。对许多父母和孩子而言，进名校不仅仅是一项挑战或一个目标。能否被艾姆赫斯特学院、达特茅斯学院、杜克大学或西北大学这样的学校录取，已经成为评定年轻人价值、评价并总结过去的成绩以及预示未来成败的标准。是赢是输，

注：

① 本书中，高校一词指代学院及大学，但仅涵盖各院校的本科部分和阶段，因为像密歇根大学或斯坦福大学这类院校，同样也有研究生及博士项目。

就在此刻决断。这就是规模宏大而残酷的优胜劣汰。

多么疯狂！多么荒唐！

一则，高校录取弊端太多、漏洞太多，不足以作为评价学生的准则。二则，学生的大学生涯的本质，即所付出的努力、所学到的本领、所经历的自省、所磨炼出的智慧，比名校招牌更加重要。事实上，就读于普通学校的学生，有时反而对学校和自我本身有更高的要求，他们觉得自身还有短板需要努力改进。或者说，在某种程度上，他们将关注的重点从教育的外表转移到在教育的内涵上。不管怎样，在教室、实验室或宿舍里，我们能学到的知识和人生道理也就这么多。教育无处不在，但教育行为却可以以无数形式、在一系列场景中发生。高校既非教育发生的起点和终点，也不是学生日后职业成就大小和生活幸福与否的决定因素。

我认识很多大有建树之人，他们都曾在常春藤大学或其他门槛很高的私立学校学习，并得益于这些大学培养学生的方式。然而，我也认识更多考入名气稍逊的公立大学的人。本书中，我将介绍其中的一些人，并通过描述他们的经历、与他们探讨所取得的成就，使人们对选择大学的态度变得更理智、更健康、更准确。我甚至认识一些声名显赫却大学肄业的人。对于这些人来说，我不会建议他们上大学，因为他们聪明、冷静并且追求精神层面的满足，但这种建议并不适用于所有人。大学给人提供了一个沉淀和丰富思想，使大脑飞速运转，深度探究自己的灵魂，去了解世界的广袤，思考个人想要到达的地方的独特机会。这些目的通通被"名校狂热"抹杀，也传递出一种信息，即大学是需要被攻占的圣地和需要被穿越的边境，而非停下脚步进行耕耘的地方。

滋生这种狂热的土壤有很多，在后面的篇章中，我将对其中的一些进行探讨。但是，这种狂热脱离不了美国生活的一个方面及美国言论的衰败，在这种情形下，不仅是雪佛兰及卡地亚，普通人也担心自己的"品牌"，在这种情形下，人们能想象到的任何事物都被分解到特权和审核的微观层面。去游乐场，人们可以买普通门票或套票，也可以买能够直接排到队伍最前方的贵宾套票。在侬克诺克健身俱乐部，会员们都有标号——一级、二级、三级——这些编号反映了他们在俱乐部都参加过哪些项目以及每小时的费用。另外，这家俱乐部还有可以通过虹膜扫描技术识别房间主人的贵宾健身室。飞机上不再仅有头等舱和经济舱，如果付额外费用的话，人们可以订到大空间座位。飞行常客还有选择紧急出口排座位、提前登机和优先选择行李架的权力。人们会慢慢升级成为黄金级、白银级、白金级、钻石级客户，享有航空公司为特定层级制定的特殊权力。在美国，2015 年前后，人们不仅通过鞋子、手包和越野车来昭显自己的社会地位和优越感，还有很多其他的东西。而毕业院校在名单中的位置毫无缘由地越来越高，当然也带来了不必要的负面影响。

安东尼·卡内瓦是乔治城大学教育与劳动力研究中心的主任。这个中心研究教育与劳动力两者间的关系及相互作用。有一次，卡内瓦无奈地对我说："人们对名校的渴望程度早已突破以往。"在我负责《纽约时报》高等教育专栏的那段时间，我时常去找他。他很聪明，也见多识广。他也因如此多的家庭关注第一志愿高校的名气，以及学生们在选择大学的过程中所承受的巨大压力感到困惑和沮丧。

他解释说："生活是个漫长的过程，孩子们是否顺利地被第一志愿录取并没那么重要。又不是说进不了耶鲁就要进监狱。这仅仅是个读耶鲁大学还是进威斯康星大学的区别，而后者同样能提供很优质的教育。"

他接着说道："孩子们应该多多考虑如何规划人生。而对上哪所大学进行规划应该使他们的人生更丰富。"选择学校的过程本应是新阶段学习的开始。他们应该与自我交流，更多地了解自己的长处、短处和价值观，并利用这些信息来应对这个喧杂而无法预知的世界。大学经历是人生的一段路程，如果你指望大学成为日后一帆风顺的保证，那么你将陷入比任何一封拒绝信都要严重的麻烦中。

2014年3月，在马特·莱文即将收到学校录取消息的时候，他的父母——克雷格和戴安娜给了他一封信。他们并不在意马特是否马上读信，而是希望他知道这封信写于录取信息发布之前。这封信就是他们对马特过分渴望和担忧的情绪的回应，这种情绪不仅出现在马特身上，也出现在位于纽约长岛郊区的冷泉港中学的其他应届毕业生身上。这封信是他们对理性的呼吁。

和许多同龄人一样，马特也想进常春藤盟校，他的目标是耶鲁大学、普林斯顿大学或布朗大学。他已经做好了准备，也弥补了自己的不足。他的SAT成绩够好吗？在他所居住的中产阶级社区里，一对一家教很常见，而他了解到，经过辅导，他的SAT成绩在常春藤盟校在校生中属于中等水平。他的体育成绩如何？他曾经是冷泉港中学棒球校队的队员，有时作为二垒手出场，有时打游击手的位置。音乐方面？他在冷泉港中学的好几个乐队中都担任过萨克斯手。学习成绩呢？他曾因平均分最高而获得高三年级①学生特别奖。另外，学校

注：
① 美国高中共四年。

里几乎任何一个荣誉团体都有他的一席之地。他的性格如何?他曾参与了一百小时以上的社区服务活动。

但是,对于耶鲁大学、普林斯顿大学及布朗大学这三所高校而言,马特还不够优秀。他的前三个志愿都落榜了。

在马特收到拒绝信的那天,他的妈妈戴安娜告诉我:"他十七年来第一次把我关在门外,对我几乎不理不睬。说了一句'别烦我'之后,就扭头进去洗澡了。他洗了足足四十五分钟,仿佛想要把被拒绝的伤感冲得干干净净。"那天晚上,他把自己关在屋子里,努力恢复学习精神,准备迎接即将到来的一次物理测验。他学到了深夜十二点,当然仍旧是默不作声。

第二天早上,他精神满满,穿了一件印有理海大学字样的卫衣出了家门。理海大学是他的第四志愿,他被该校录取了。彼时,他已经反复读过父母的信。信中不仅体现了莱文夫妇的心情,也表达了他们在对待孩子时的温情、智慧和宽容,同时也揭露了社会上对名校的一种扭曲的痴迷心态。我想与大家分享以下片段,因为这几段话中的信息,不仅马特需要聆听,还有更多的孩子可以从中受益:

亲爱的马特:

在你收到第一志愿学校答复的前一天晚上,我们想告诉你，我们从未像今天这样为你感到如此骄傲。无论录取与否，你所取得的优异成绩和出色的人格都让我们感到自豪，这一点不会因为任何录取结果而改变。不管你被哪所学校录取，我们都会满心欢喜地为你庆祝。当然，你对结果越满意，我们就越开心。而且，你作为一个独立的人、一名学生及一个儿子的价值，丝毫不会因这些学校的决定而降低或受到影响。

即使事情未尽如人意，另一条路亦能到达彼岸。任何一所大学都会庆幸拥有了你，你有能力在任何一所学校中获得成功。

我们对你的爱深如海洋，高若天空，广阔如世界。无论你在哪里，这份爱亦将永远伴随着你。

爸爸妈妈

Chapter 1
The Unsung Alma Maters

第一章
无闻的校歌：
成功，与母校的名字无关

"乔治城大学之于我，就如同弗吉尼亚大学之于吾妻，都是梦寐以求却未能得偿所愿的学府。最终，我们夫妻二人都进入了特拉华大学求学。这所学校的氛围使我们感觉到，只要努力，就会有所成就。我自始至终都认为，在特拉华大学的学习经历能够帮助我获得成功。"

——克里斯·克里斯蒂

新泽西州州长，特拉华大学 1984 届毕业生那些约定俗成的流言说道：一入常春藤，迈上致富路；权力的三原色为哈佛红、耶鲁蓝和普林斯顿黄。这种名校优越感不仅仅体现在表面，并且已经深入校友的灵魂。

　　然而，财富五百强的排行榜似乎并不支持这一说法。

　　在这个每年更新一次的排行榜上，记录了美国所有企业中毛利润最高的前五百名。2014 年夏天，本书写至此处时，排行榜的前十名分别是沃尔玛、埃克森美孚、雪佛兰、伯克希尔·哈撒威、苹果、菲利浦斯 66 公司、通用汽车、福特、通用电气及瓦莱罗能源。这些公司的总裁本科院校分别是：阿肯色大学、得克萨斯大学、加州大学戴维斯分校、内布拉斯加大学、奥本大学、德州农工大学、通用汽车学院（现更名为凯特林大学），堪萨斯大学、达特茅斯学院，以及密苏里大学圣路易斯分校。

这些学校中仅有一所为常春藤盟校。

沃尔玛总裁董明伦本科毕业于阿肯色大学，之后又在塔尔萨大学获得工商管理硕士学位。瓦莱罗能源公司总裁乔戈德从密苏里大学圣路易斯分校本科毕业后，又申请到圣母湖大学就读工商管理硕士。

随后，我又查询了排行榜前三十家企业总裁的毕业院校，其中有中央奥克拉荷马大学、匹兹堡大学、明尼苏达大学、福特汉姆大学、宾夕法尼亚州立大学，以及康奈尔大学、普林斯顿大学、布朗大学、西北大学、塔夫茨大学。由此也可以说，每所大学都可以培养出总裁。

在排名前一百的公司中，美国本土出生的总裁有30%毕业于常春藤大学，有十几位毕业于麻省理工学院及鲍登学院等与常春藤大学一样有很高入学门槛的高等学府。大多数总裁本科毕业于传统的公立大学，像得克萨斯大学及密歇根大学等。不过，还有四十人左右并非如此，他们或是毕业于在公众眼里名不见经传的大学，或是肄业，或是毕业于其他国家的大学。剩下的十几位则毕业于比较冷门的私立学校、偏僻地区的学校或宗教类大学。

换句话说，名校与总裁之间并无绝对关联，完全没有。然而，在我们聊及成功或是描述成功人士的时候，我们习惯性地将二者联系起来。而且，我们通常会将一个人所获得的成功归结于他的名校背景，因为"事出有因"往往比"一切皆有可能"更能令人信服。或许这样形容更为贴切：百里挑一胜过短中取长。

有关总统的讨论就是对上面说法最好的例证。我们经常听到白宫被名校垄断这样的言论，因为最近的四届总统都毕业于常春藤大学。奥巴马总统本科毕业于哥伦比亚大学，之后获得哈佛大学法学院学位。小布什总统在耶鲁大学及哈佛商学院都拿到学位。克林顿总统则毕业于乔治敦大学和耶鲁大学法学院。而老布什总统则是在耶鲁大学拿到他的本科学位。

然而，这些仅仅是他们教育经历的一部分，而他们的优秀品行也并非始于他们跨进名校大门之日。一开始，奥巴马的大学生涯并非开始于常春藤盟校。他高中毕业后考入的是洛杉矶的西方学院，之后转学到哥伦比亚大学就读。由此可见，最初的选择并不一定是最后的终点。

布什家族在耶鲁大学也算是个传奇了。普雷斯科特·布什曾担任美国国会参议员。他最先考入耶鲁大学，为他的儿孙铺设了一条名校路。至于大小布什，他们进耶鲁大学与其说是寻求对个人能力的认可和成功的跳板，不如说是大势所趋。他们的人生轨道无疑与血统息息相关，与耶鲁大学以外的关系网紧密相连，而与耶鲁大学招生委员会所期待的或在位于纽黑文校区报告厅里所宣讲的关系不大。我并非出言不逊，也没有轻视人才的意思。我只是形容一下社会运行的规则。

我们再来探讨一下大小布什、克林顿及奥巴马以外的人。我们把范围扩大，看看历史上其他总统的教育情况。比如罗纳德·里根，大学就读于尤里卡学院。该学院位于伊利诺伊州，占地面积很小，在《美国新闻与世界报道》2014年刊登的中西部地区院校排名第三十一位。另一位前总统吉米·卡特，本科及研究生期间，从美国海军学院到佐治亚州西南学院再到佐治亚理工学院，辗转了多个学校。理查德·尼克松本科毕业于南加州的惠特学院，而林登·贝恩斯·约翰逊则在西南得克萨斯州立师范学院拿到本科学位。

如果来研究那些获得所在党派总统提名但最终未能入主白宫的候选人和政客，他们毕业的学校也是五花八门。副总统乔·拜登考入特拉华大学（之后又到雪城大学法学院就读）。2012 年共和党副总统候选人保罗·莱恩就读的是俄亥俄州的迈阿密大学。而 2004 年民主党副总统候选人约翰·爱德华兹，自北卡罗莱纳州立大学本科毕业后，又在北卡罗莱纳大学教堂山分校获得法学学位。

丹·奎尔是 1989 年至 1993 年在任的美国副总统。我犹豫着是否要提及一下他的教育背景，因为大部分人是通过拼错"土豆"这个单词这件事而熟知他的。（他在拼写的时候多加了一个元音，在后面多缀了个字母 e）总统这个职位曾与他相去甚远，不过他也在先后拥有迪堡大学（位于印第安纳州）和印第安纳大学法学院学位之后，当上了副总统。拜登、爱德华兹、奎尔及卡特分别毕业于特拉华大学、北卡罗莱纳州立大学、印第安纳大学及佐治亚大学，这个事实揭露了一个重点，即如果一个人想要在某一特定地理范围内获得事业上的成功，那么选择在该区域内上学要比去其他地区的名校更有用。拜登、爱德华兹、奎尔及卡特的经历都证明了这一点。前三位从他们学校所在的州脱颖而出，成功入选美国参议院。而卡特入主白宫的跳板则是亚特兰大州州长办公室。

截至 2014 年上半年，美国参议院一百位男性及女性参议员中，仅有不到三十位毕业于常春藤盟校或是其他同品质的学校。而将近一半的人毕业于广受美国人看重的那些传统大学排行榜中排名二十五位以后的公立或私立高校。同时期的五十位州长情况大致相同。有十三人左右毕业于竞争激烈的私立或公立高校，相同数量的人之前就读于相对比较容易申请到的私立大学，而超过三分之一的州长毕业于普通公立大学。

南卡罗莱纳州共和党成员妮基·海莉就出身于普通公立大学。2011 年 1 月就职时她年仅 38 岁，并且还是作为女性及少数族裔（她有印度血统）来掌管保守的南方州。她本科毕业于克莱姆森大学，这所学校在南卡罗莱纳州的声望远远超过它实际的水平。对于那些高等教育更加稳固了其最终所在或所领导的州的政客们来说，她就是一个例子。她告诉我，如果想要在南卡罗莱纳州发展事业，读克莱姆森大学是个最好的选择。我怀疑，在阿拉巴马州的人会吹嘘奥本大学在当地的影响，就如达拉斯人会证明南卫理公会大学在那里的影响力一样。地理因素很重要，而高校为个人在某个特定地域的发展提供了动力。

海莉告诉我，在南卡罗莱纳州，"克莱姆森大学校友间的关系网非常惊人。有校友的帮助，可以快速扫清障碍，并能迅速办理正常流程无法实现的业务。如果你想到南卡罗莱纳州发展，但却毕业于其他州的大学，你将会损失整个关系网。而如果你竞聘的时候说明，你毕业于南卡罗莱纳州的一所高校，这将会给你的简历增色不少。"

她说，更重要的是，克莱姆森大学给她提供了一个全新的立足点。她在南卡罗莱纳州的一个小镇长大。她家在小镇上是唯一一户有着特有肤色的少数族裔。她不仅需要有融入感，需要参与到各种艺术及体育类活动中，并接触各行各业，而这些机会在社区中是没有的，而且，她更需要一种连续性和熟悉度：一种她有能力应付的过渡时期。克莱姆森大学，她故乡的一所规模很大的高校，满足了她的需求。"我是个小镇姑娘。虽然小镇的一切都很简单，但却也足够使一个人成长。"她说。她先是考入了纺织品管理专业，随后转系到会计专业；她勤工俭学，给按摩师做助理以支付学费；毕业后到一家废弃物管理公司工作，几年之内都没有接触到政治圈。我采访到她的时候，她的大女儿才刚开始认真考虑上大学的问题，不过，似乎考虑的也不是常春藤盟校或是东北大学。

海莉说，她女儿是想进克莱姆森大学的。

我们再继续看看政治圈那些 2014 年秋季被人提及最多的，2016 年总统热门人选的男男女女们。很多候选人并非名校出身，其中最有名的非希拉里·克林顿莫属。她本科毕业于韦尔斯利学院，之后考入耶鲁大学法学院，她和前总统比尔·克林顿就是在耶鲁相识相知的。现任马里兰州州长名叫马丁·奥马利，他与希拉里是竞争关系，随时准备着与她较量并将其打败。奥马利本科毕业于美国天主教大学，之后在马里兰大学获得法律学位。伊丽莎白·沃伦是另一位潜在的总统竞争者。她是一名来自马萨诸塞州的参议员。她曾在哈佛大学求学，之后转到休士顿大学及罗格斯大学学习。纽约州州长安德鲁·科莫也是大选的热门人选。他本科毕业于福特汉姆大学，之后在奥尔巴尼法学院获得硕士学位。

共和党方面，新泽西州州长克里斯·克里斯蒂毕业于特拉华大学，之后在西东大学获得法学学位。杰布·布什毕业于得克萨斯大学；肯塔基州参议员兰德·保罗考入贝勒大学，不过还没毕业就转入杜克大学学医了；马尔科·鲁比奥本科毕业于佛罗里达大学，硕士毕业于迈阿密大学法学系；而威斯康星州州长斯科特·沃克则是

第一章

无闻的校歌：成功，与母校的名字无关

马凯特大学肄业。共和党党派中，只有路易斯安那州州长鲍比·金达尔和得克萨斯州参议员泰德·克鲁兹毕业于常春藤盟校。金达尔本科学历，毕业于布朗大学；而克鲁兹本科毕业于普林斯顿大学，研究生毕业于哈佛大学法学院。

大部分关于克鲁兹的介绍都会提到他的母校，就像介绍奥巴马青年时代时总会提到哈佛大学法学院一样。而在大多数关于克里斯蒂的介绍中，特拉华大学和西东大学却很少被提及，《国家评论》杂志便是其中之一，因为该杂志认为这两所大学"好则好已，但也仅是中等高校"。这种观点同样出现在一篇赞扬新泽西州州长为"经济稳定"的关键人物的文章中。文章完全没有提到，克里斯蒂和拜登这两位杰出的政治人物，都毕业于特拉华大学；也没将特拉华大学看作为未来培养权力人物的高校。要想找到持有相反意见的杂志或报纸可是不容易的。

我曾与克里斯蒂讨论过是否发现这样一个趋势，即人们会强调一些政客的常春藤背景，而略过一些政客的非常春藤背景，并问他是如何看待这个问题的。

他觉得："人们倾向于认为，能考进普林斯顿大学、

哈佛大学或耶鲁大学是举足轻重的，而毕业于罗格斯大学或特拉华大学之类的高校则不足挂齿。这种偏见来自于，我们会认为前三所高校的教学质量更高。"

他补充说道："这种想法很有趣，因为我的大儿子就在普林斯顿大学念书，我记得他申请的时候问我，'如果我被录取了，你想让我去吗？'我回答他说，'当然。'然后他说，'你是特拉华大学毕业的，现在也混得挺好。'我告诉他，'你说得没错，但是我要付出更多的努力。'区别就在这里。大家普遍的设想就是，成功考入普林斯顿大学的人会比没考进的人聪明。"

这个设想合理吗？克里斯蒂说，"我觉得不合理，人在十五岁至十七岁的时候会经历很多事情，这些事情会对考入普林斯顿这类名校的能力产生影响。"高中的后两年仅仅是漫长生命的一小段时光，前方选择很多，人生路上面临来来往往和起起伏伏，而智慧仅仅是帮你实现自我的其中一个品质。

克里斯蒂 1980 年高中毕业。他说，当时他申请的高校中既有公立学校，也有私立学校，这其中包括未被录取的他的第一志愿乔治城大学。他告诉我，最终选择了特拉华大学的主要原因在于它提供了很大数额的奖学金。他说,"我的家庭一点都不富裕,所以奖学金很重要。"

"第二个原因在于,我提前到学校进行了参观——当你十七八岁的时候,做决定的方式很奇怪——大家看上去都很开心,并且都挺自娱自乐的。"他又补充道,"校园很漂亮,而且离我家相对比较近。所以做决定似乎并不难。"

当我问他,他在进入特拉华大学读书后,是否还认为自己的选择很正确时,他的回答与他的宿舍、最先认识的好友、最初所在的班级等无关,而是强调了在大学期间,他的学业和生活中都有意外和混乱的事情出现。他觉得特拉华大学最棒的地方在于离他在新泽西的家很近。就在他上大学之前,妈妈被确诊罹患乳腺癌,所以他大一的时候时常想要或需要回家。

另一个值得表达感激之情的地方在于,他和妻子玛丽·帕特就是在特拉华大学相遇的。他主修政治科学,辅修历史,不管是得益于特拉华大学本身还是他自身的性格,教授们都很好相处,有几个还成为永远的挚友,其中有一位在克里斯蒂 2009 年第一次竞选州长的时候,还自愿帮忙处理电话银行事宜。相比较大多数私立名校,州立大学有一些特质。"从特拉华大学这样的州立大学毕业后，我从同学那里收获了经济和社会阶层等方面的资源，我遇到了很多生活经历迥异的人。"虽然这种经历对仕途更有帮助，但显然对从事其他职业也是很有好处的。

"我十分愿意追忆那段大学岁月，因为那四年我过得很愉快、很充实，没有任何遗憾。"他的四个孩子中，老二是圣母大学大一新生，通过他们他发现，对精英学校的认识和崇拜比之前要明显，特别是在位于新泽西州莫里斯镇的德巴顿中学。他的儿子安德鲁 2012 年毕业于该中学，目前在普林斯顿大学就读。在安德鲁的高中班上，考入普林斯顿大学的学生数量为 10 名，比考入其他学校的人数多，另外，还有 16 名学生被其他常春藤盟校录取。只有一个学生去了特拉华大学。我之所以知道这些信息，是因为学校把几年内的录取信息都发布在学校网站上，供学生和家长参考。

克里斯蒂说，对于他们夫妇二人来说，"最使我们不安的，是在孩子读七八年级的时候，一些家长就给他们施加了很大的压力。这些压力从长期来看是否对孩子有影响还未可知。我所担心的是，这些孩子今后会一直根据他们是否完成了社会在特定时段摆在他们面前的挑战而衡量自己的价值。这种情况很危险，因为今后的生活中，孩子们将面对各种困难。"

克里斯蒂说，他从特拉华大学毕业后，选择到西东大学继续深造，因为他的成绩考不上那些有名的法学院。况且，他认为如果进不了顶级学府，还不如选择留在新泽西州，因为他已经决定要在新泽西从事律师行业并在这里发展自己的事业。听到他谈论自己的学术短板，我觉得很有意思，因为无论人们怎样看待克里斯蒂——强势也好，跋扈也罢，敢于讲真话或是利己的阴谋家——他都是一位口齿伶俐的、与众不同的、睿智的思想家。有一次，在一个政府特许学校的募捐活动中，他在没有任何提词器或笔记的帮助下，发表了一个长达半小时的主题演讲，而且，演讲的每一句每一段都完美得无可挑剔。在学校获得全 A 成绩与优秀专业能力之间并不能画等号，我们质疑那些狂热追求只招收 GPA[①]成绩最优秀的学生的高校的行为，这也是其中的一个原因。

近几届总统竞选背后为数不少的谋士都出身相对普通的学校。唐娜·布拉齐尔毕业于路易斯安那州立大学，她是 2000 年阿尔·戈尔竞选总统事务的主管，也是首位

注：① 平均成绩点数，美国计算平均成绩的一种方式。

负责总统竞选事务的非洲裔美国人。麦琪·威廉姆斯主管 2008 年希拉里·克林顿的竞选事务，她毕业于一所小型的天主教女子学院——华盛顿圣三一大学。卡尔·罗夫被称为"布什的大脑"，曾长期辅佐前总统布什。他从犹他大学转学至马里兰州立大学再到乔治梅森大学，却没有在任何一所学校拿到毕业证书。

史蒂夫·施密特是约翰·麦凯恩 2008 年失利的总统竞选的资深策划，他同样也毕业于特拉华大学。另一位毕业于特拉华大学的是大卫·普洛夫，他主管奥巴马的竞选事务，并在同一年帮助奥巴马赢得竞选。2012 年，负责奥巴马竞选总统事务的吉姆·马西纳则毕业于蒙大拿大学。

施密特和普洛夫都在特拉华大学肄业，因为他们都没有修够学分。但是，在施密特的回忆录中谈到，当他们 2009 年春季再一次返回校园参加一个关于 2008 年总统竞选的探讨会时，校长希望能见他们，并对他们说："两位，你们把我们害惨了，你们一定得拿毕业证。"特拉华大学希望他们能成为真正的毕业生，所以校长也帮他们安排了一下。普洛夫说他需要修营养学、人类发展及数学三门课。施密特仅需重修数学课，这门课和普洛夫重合。他们两位被同时指派给了凯·彼昂帝教授，来对他们的网上课程进行监督和帮助。

"教授要帮我们克服心理上对数学的恐惧。"施密特笑着说道。他说，偶尔周六早上，他会手拿一杯血腥玛丽，和教授在佛蒙特州滑雪场附近的一间酒吧聊天。有时他也会约上他之前的政敌普洛夫，一起吐槽多年后重返课堂的心情。

普洛夫发邮件对我说，"那段经历很美妙"。他这么说或许有些挖苦的意思。施密特还补充道，他与普洛夫已经"化敌为友"。普洛夫很快结业，并在2012年拿到毕业证，而施密特则拖到2013年才毕业。

施密特说，许多在竞选活动及政府部门工作的政策顾问都是名校出身，"我并不认为有很多负责策划竞选活动的高层都出自常春藤盟校。"我问他这样说是否有依据，他说，"我觉得部分原因在于，选举政治很复杂，很耗费精力。我认为不仅需要我们一般所说的智慧，还需要有情商和智商。而情商和智商是在名校进行统一化和刻板化的知识学习所不需要的。"

2014年5月，社会学家D·迈克尔·林赛发表了一篇他称为白金级调研的报告。报告内容涵盖了 550 名美国领导者，包括超过 250 位的公司总裁，超过 100 位的非营利组织负责人，几位前总统和很多政府官员。林赛希望了解这些人都来自哪个学校，如何实现自己的目标，以及实现目标后有什么想法和进一步举措。

　　他对我说："我以为调研结果会显示，大部分人高中和大学都出自精英学校。"不过，他以调研结果为基础写了一本书，名为《高层的风景：内部视角解析权力人士是如何看待和塑造这个世界的》，书中所披露的研究结果恰恰相反。他写道："我们一般会认为通往社会顶层最直接的通途就是读重点大学（如常春藤盟校），而受访者中将近三分之二的人并非所谓的名校出身。"

　　他发现，这些人所就读的大学的名气，远不如他们读研时所在的学校的名气重要。不过，他们并没有因为本科毕业院校不出名，就被所申请的研究生院校拒之门外。林赛在书中写道："大约三分之二的高层本科毕业后都考进了自身领域排名前十的高校。"

　　然而，人们很固化地看重本科毕业院校的名气，而我也在《纽约时报》的专栏上挑战这样的思维模式，并对教育的本质远非学校的名气这个观点进行论述。"哦？

第一章

无闻的校歌：成功，与母校的名字无关

真的吗？"一名读者回信写道，"告诉我你和你的同事都是哪所高校毕业的？我打赌肯定是常春藤盟校。"

的确，有很多人毕业于常春藤盟校。但也有很大一部分人不是。我自己就是北卡罗莱纳大学毕业的，而且关于我是如何毕业的，还有一个故事，我在后文中会讲到。在我 2012 年 6 月成为《纽约时报》专栏作家后，我加入了一个由资深作家组成的小组，小组成员中包括毕业于天主教大学的陶曼玲和毕业于马凯特大学的盖尔·柯林斯。确实，纪思道和罗斯·多赛特都毕业于哈佛大学，大卫·布鲁克斯则毕业于芝加哥大学。然而，乔·诺赛拉是波士顿大学校友，而查尔斯·布洛则毕业于格兰布林州立大学。汤姆·弗里德曼则是先考入明尼苏达大学，后两年又转学至布兰迪斯大学。

因为我的受访者都是总统候选人、其他竞选人和公职人员，所以《纽约时报》的资深政治版记者都是我很好的朋友。他们的毕业院校多种多样。来自曼哈顿的纽约视觉艺术学院的珍妮弗·施泰因豪尔曾是《纽约时报》洛杉矶分社的主管，没有人比她更清楚国家资本的发展历程。而亚当·纳格尼则毕业于纽约州立大学帕切斯学院，他可以被称作最聪明的政治分析家，还曾任《纽约

时报》五届总统选举报道工作的主要负责人。卡尔·赫尔斯则毕业于伊利诺伊州立大学，他大概是《纽约时报》最信任的国会翻译员了。

吉姆·卢特伯格曾是《纽约时报》2012 年总统竞选期间的政治板块首席记者，现在他是《纽约时报》周日杂志的一名重要编辑。他曾就读于纽约大学，当时这所大学还不算是名校，不过他并没有拿到毕业证书。经济和家庭问题一直困扰着他，不过，他并没有受这些问题的影响，因为他有比学历更好的东西：在处理人际关系上很圆通、热情而又优雅，这些特质在我之前提到的那些记者身上或多或少也同样有体现。他们的事业不是建立在毕业院校名称上的，而是建立在千锤万凿的技能、严谨的职业道德和良好的工作态度上。

《纽约时报》并非特例。在 2014 年普利策新闻奖获奖者宣布后，我查阅了一下他们的资料，看看他们都毕业于哪所高校。获奖者的毕业院校名单中有里奇蒙大学、雪城大学、波士顿学院、南卡罗莱纳大学、明德学院、密歇根大学、明尼苏达大学、波士顿大学和斯坦福大学。我向前翻了一年，查看了 2013 年普利策新闻奖获奖人的毕业院校，其中西北大学、圣托马斯大学、乔治亚大学、波士顿大学、科罗拉多大学波德分校、耶鲁大学、印第安纳大学、芝加哥大学、加努恩大学和明尼苏达大学都名列在册。

之后，我又往前翻了一年。2012 年普利策新闻奖获奖人分别毕业于科尔比学院、马里兰大学、维拉诺瓦大学、博林格林州立大学、普渡大学、宾夕法尼亚州立大学、康奈尔大学、哥伦比亚大学、波莫纳学院、耶鲁大学、罗德岛摄影学院、路易克拉克大学，以及纽约州立大学宾汉姆顿分校。毕业于最后这所大学的记者是我的朋友、《纽约时报》的同事大卫·科西恩纽斯基，他所获得的是深度报道奖。

2014 年春，我和他同时作为客座讲师参加普林斯顿大学的研讨会。他觉得挺具有讽刺意味的地方在于，大约三十年前，他未能被普林斯顿大学录取。哈佛大学和布朗大学同样也把他拒之门外。他对我说，纽约州立大学宾汉姆顿分校是他的保底学校，原因在于，那里的学生认为他们拥有最自由的灵魂，"他们曾称自己为公立大学中的布朗大学，尽管我从没听过布朗大学的学生自称为常春藤盟校里的宾汉姆顿分校。"

他说去宾汉姆顿分校有些退而求其次的意思，因为他没有那么多经费可以负担得起私立学校。但是，即便仅需要州内学费，他依然需要打工支付。大学前两年，他兼职做清洁工，每周需要工作十五个小时。这么多年来，他曾做过许多单调乏味的工作，清洁工是其中之一。二十几岁的时候，他还曾经在水牛城当过富豪雪糕冰淇淋运送车司机。"啊，有富豪雪糕的夏天，"他说，"这是最糟糕的工作了。每天要顶着大太阳工作。下雨天休息。没开过富豪雪糕冰淇淋车，你绝对想象不到世界上有多少无聊的笑话。"

当然，记者行业并不具备代表性。（再强调一下，没有任何一个职业具有代表性）所以，我把目光投向一个毫无关联的方向——科学界，然后研究了102位男性及女性科学家的毕业院校。他们中的大多数人年龄在三四十岁，都曾作为获奖人到白宫参加2014年美国青年科学家总统奖颁奖活动。他们中有8人的毕业院校信息我无法查到，剩下的94位中，有72位在美国本土读本科，尽管斯坦福大学和麻省理工学院这两所学校的校友都不止一位，但这些科学家的毕业院校绝非被这两所学校霸占。

同样情况出现在罗格斯大学、亚利桑那大学和北卡罗莱纳大学这三所学校上。仅有不到一半的科学家毕业于包括这三所学校在内的公立学校。如果把常春藤盟校排除在外，私立和普通学校名单可以覆盖三分之二的人，当然我说的名单并不是指斯坦福大学、麻省理工学院、韦尔斯利大学或史密斯学院这样的高校，而是指艾德菲大学、林菲尔德学院和奥古斯塔那学院之类的高校。一个有能力又肯努力的人到哪里上大学，其重要性似乎被另外的事物印证了。当我总结这些优秀的科学家毕业于哪所高校时，很容易就能找到他们研究生毕业院校，因为他们的雇主都会把这些信息挂在网络资料上。不过很难确定他们的本科毕业院校，因为这些信息甚至不曾被提及。本科四年似乎就是一个过渡阶段，而非实际的操作阶段，就好比准备高歌前先清嗓子一样。本科学习并不是这些科学家和工程师所专注的，也不是他们职业生涯的起点。本科毕业后，每过一年，他们的成就以及在学校受的教育与本科院校的关联便减少一分。

美国青年科学家总统奖获奖者的毕业院校的多样性与我最近研究的麦克阿瑟基金会"天才奖"获奖者的大同小异。2013 年获奖的 24 名天才中，本科毕业院校包括纽约州立大学帕切斯大学分校、纽约州立大学奥尔巴尼分校、路易斯安纳大学、维拉诺瓦大学、德保罗大学，以及加州大学圣塔芭芭拉分校。2014 年获奖的 21 位天才的毕业院校涵盖堪萨斯大学、辛辛那提大学、考克学院、伊利诺伊大学、哥伦布州立大学，以及马里兰大学。通过对 2009 年至 2014 年获奖者的研究，我发现一半以上的麦克阿瑟基金会"天才奖"奖获得者本科毕业于那些非顶尖级的公立或私立学校。

当然，以上样本中的大多数人毕业已经超过十年甚至更久，因此并不能代表最近几届毕业生的命运。但是，一家名为 60 秒概述的网站对这个话题很感兴趣，并由彼得·奥斯特罗德设计出了一个很出彩、很滑稽的海报来回应福布斯杂志发布的"30 位 30 岁以下成功人士"榜单。这个榜单由《福布斯》杂志发布，每年评选出 30 位 30 岁以下的最有前途的美国年轻人。榜单涉及法律、传媒、科技、金融等来自 15 个领域的年轻人，因此，上榜的年轻人共计 450 位。奥斯特罗德的海报刚好将 2013 年上榜的年轻人按领域拆分开来。

海报内容是对我上文中所说到的将常春藤神话化的心态的调侃。因为奥斯特罗德发现，《福布斯》杂志在提供上榜的 30 位优秀年轻人的履历时，一定会提到"哈佛大学、斯坦福大学、普林斯顿大学"等校名，如果他们的确毕业于这些名校的话。而对于那些并非出身于上述名校的榜单候选人，《福布斯》杂志则对他们的毕业院校只字不提。

奥斯特罗德写道："我们进行了深入研究。"有什么发现吗？《福布斯》杂志提到榜单中的一位年轻人本科毕业于杜克大学，却并未提及其中有三位明星青年都毕业于亚利桑那州立大学。"据海报中发布的关于对榜单中各高校毕业生数量的统计显示，亚利桑那州立大学的毕业生人数是要高于杜克大学的。"而且还高于达特茅斯学院、康奈尔大学、约翰霍普金斯大学。所以……相信读者们明白其中的含义了。"

"我们发现，大多数上榜的年轻人都毕业于普通高校——有些人毕业于名不见经传的大学，还有一些则是本着就近的原则，就读于家附近的大学。"例如，出现在科学与健康护理板块榜单上的艾萨克·金德毕业于马里兰大学巴尔的摩分校（UMBC），这所学校的录取率为60%。《福布斯》杂志并没有提及这所高校，倒是提到艾萨克正在约翰霍普金斯大学做一个医学硕博联培项目。

我以现年 31 岁的艾萨克为例，来回顾一下他是怎样最终选择了读 UMBC。我们之间的谈话会提醒大家，在很多家庭和社区中，所谓名校狂热症是件遥远且无法触及的奢侈品。他们不能也不愿加入其中，当然也就不会受等待录取结果的煎熬。

艾萨克出生的地方离加州的圣博娜迪诺不远，长大后，他在一所教会学校读高中。他说，在这所学校里，大家不会喋喋不休地讨论上大学的事。他是名优秀学生，想要在科学领域，其实就是医学界，发展自己的事业；而且他预感到，自己不应该到离家和父母太远的地方念书。因此，他申请了几所加州系学校以及斯坦福大学。这几所学校都愿意录取他。

他同样申请了 UMBC，还特别申请了梅尔霍夫奖学金项目。他申请这个项目并不是因为自己已经研究了很久，而是恰好听亲友提起，这个项目愿意给志愿在科学、技术及工程领域发展的少数族裔学生提供免费班车。为了拿到奖学金，艾萨克必须利用一个周末的时间到东部去做一系列采访。旅途中，他还要参观 UMBC 校园并约见梅尔霍夫奖学金项目的几名同学和行政人员。他说："我记得，我和父亲马上就感到很舒适。"不过，梅尔霍夫奖学金项目所承诺的不仅仅是舒适而已：在 UMBC，这个项目是一个团结紧密的团体，其存在的目的和目标是培养学者和促进他们的进步。这是一个现成的助力系统、一个有保障的网络体系。艾萨克感觉到，他可以全身心地投入到学习研究中，而不受各种大学生活的影响。"我并不知道这个团体的存在，然而，一旦我了解了，我会觉得'这样才对。非常好。既然我已经感受到了，我便很想加入进来。'"

他对我说，他在 UMBC 得到了优质的教育，可以让他有机会选择许多顶尖的医学院，也为他在约翰霍普金斯大学取得成功奠定了基础。过去的十年中，也就是从他所选择的医学硕博联培项目毕业的时间，他就是在这所高校里一直致力于帮助人们检测到某些癌症的脱氧核糖核酸测序技术的研究。但是，他表明，对于在 UMBC 读书的那段日子，他有个遗憾。"当时如果能组个足球队就好了。"他说道，"我肯定会投入其中。现在我感觉，我并不像我的同事那样与大学足球紧密相连。唯一有些遗憾的就是这件事。如果时光倒流，我会希望改变什么吗？完全没有。"

艾萨克说："我觉得 UMBC 是个独特的学校。我从来不在乎某个项目或是某所学校的名气，简言之，我不会问'项目或学校是否排名前五？'这类的问题。我认为先入为主的想法会对人产生误导。"他说，重要的是你在课堂和实验室所做的事，而不是飘扬着的学校校旗，更不是你所穿着的校服的颜色。

艾萨克说："我认为，在大多数高校，你都能获得你想要的。""地理位置和学费是学校与学校之间最大的差别所在。"对于他来说，UMBC的学费比较能接受。加州大学洛杉矶分校（UCLA）也还算可以，这所学校名气更大，而且同样愿意提供给他丰厚的奖学金。他到UCLA参观过，也很喜欢那里。但是，他感觉，这所学校并不能像梅尔霍夫基金会那样给他足够的重视，并为他未来的研究做投资。这是他凭对几所学校的调研和自己的直觉得出的结论。另外，梅尔霍夫项目所在的地理位置与他的家乡隔着天涯海角，因此，远离家乡对他来说也算是一个冒险和扩大见闻的机会。所以，他选择了更有挑战性也更遥远的旅途。

在他做出这个决定的四年后，他的弟弟本亚姆也像他一样考进了UMBC梅尔霍夫项目。本亚姆现在27岁，目前在哈佛大学做自己的硕博联培项目。

UMBC 出现在一个带有对奥斯特罗德发表在《福布斯》杂志上的榜单有轻微玩笑指向性成分的"15 所录取率超过 50% 的高校"荣誉名单上。这个榜单列举并赞扬了 15 所录取率超过 50% 的名列前 30 位，30 岁以下成功人士榜单中的名人毕业院校名单中的高校，意在证明并非只有门槛较高的高校才能培养出天才和未来的名人。榜单中剩余的十四所学校包括河流学院、威斯敏斯特学院（在犹他州，而非英国）和圣达菲学院（在佛罗里达州，而非新墨西哥州）。河流学院和圣达菲学院申请录取率为 100%，来者不拒。

"60 秒概述"并没有在 2014 年继续针对下一批获奖者做相关调查。所以我自己进行了查阅，结果发现毕业于普通高校的获奖者也为数不少。有几位是宾夕法尼亚州立大学的校友。其中一位校友——法学教授乔什·布莱克曼曾写过一本对奥巴马医改提出宪法挑战的书，并创建了一项很受欢迎的猜想和预测最高法院裁决的线上游戏——最高法院梦幻联赛。

另一位宾州大学校友名叫凯伦·麦克劳琳，她曾是摩根大通的副总裁，负责帮助房地产大亨和他们的家人管理总计 27 亿美元的资产。麦克劳琳的名字出现在金融板块，同时也出现在纽约市立大学和迈阿密大学的校友名单上。我只深度挖掘了"30 位 30 岁以下成功人士"榜单中的一小部分，便获取到这些信息。

　　奥斯特罗德在分析完 2013 年榜单后，抛出了一个问题。显然，我可以针对 2014 年的榜单，提出同样的问题。这个问题就是："请大家自己研究，然后告诉我，个人所获得的成功，是得益于名校还是来自个人努力？"

Chapter 2
Throwing Darts

第二章
**失控的游戏：追逐名校如同
飞镖游戏，即使多投点，
也难以正中靶心**

"三四十年前我上大学的时候，曾问过父亲什么是常春藤盟校。他告诉我，'那些学校里有很多狂妄自大的女生，你肯定不想去。'如今，如果我再问同样的问题，他可能会说，'我们一定要去常春藤盟校参观。'可见世事多变迁。"

——珍妮弗·德拉亨特
凯尼恩学院前招生办公室主任、
亚利桑那大学 1980 届毕业生

你是否下定决心要申请美国高校中竞争最激烈的那十几所名校？没问题——只要你有以下头衔：全国科学类竞赛冠军、全国歌唱比赛冠军、莫斯科大剧院准芭蕾舞演员、高水准的大键琴演奏者、象棋神童、网络奇才、带领球队获得优异成绩的男子防守前锋、联赛中有过多个进球的女子前锋、发表过作品的作家（我所说的发表可不是在博客上）、一个理念超前的主厨（我指的是分子料理）、一位坚韧的来自我们所憎恨的国家的政治难民、来自我们所热爱的国家的英雄人物后裔、有着良好声誉的罗斯福家族成员、与石油大亨洛克菲勒有密切关系的人、或者是奥巴马总统的女儿。如果你不符合以上任何一种描述，并且你自二年级以来的各大考试成绩并不完美，那么斯坦福大学对你来说可能只是个遥不可及的梦。

　　我的话虽然有一些夸张成分，但并非空穴来风。我特意用斯坦福大学举例：因为 2014 年春，这所高校创造了所有高校在内的录取率新低。2015 年，斯坦福大学收到 42,167 份申请，而仅录取了其中的 2138 名学生，录取率大约是二十分之一。作为分母的这些学生可不是泛泛之辈，他们既不懒惰，也不冒失，他们不是精神错乱的赌徒，更不是妄想性自恋狂。至少大多数人不是。总体来说，他们都是已经完成高中学业的学生，斯坦福大学对他们来说不是也不应该是一个不切实际的愿望。然而，斯坦福大学仅录取了他们之中的 5.1%。

　　这个数字远不及前面几届的录取率残酷。需要重点强调的是，人们应该时刻谨记，如果一个孩子希望考入家长毕业的顶尖高校，并不是因为他们在试图复制家长的成功，而是想要超越家长的成绩。除非孩子申请的与家长毕业的是同一所高校，（而且最好是家长近期给学校提供了一大笔赞助费，）否则，孩子面临的挑战绝对会更大。20 世纪 80 年代末，申请耶鲁大学的学生中有将近 20% 被录取。而 25 年后的 2014 年，录取率仅有 6%。

　　这种情况在许多美国高校中也存在。例如，在伊利诺伊州埃文斯顿市的西北大学，25 年前的录取率约为

40%，而 2014 年该数据跌至 13%。诺德公司（译者注：
Noodle）专门收集与教育相关的数据，并用之给消费者
和制定政策的人以指导。根据该公司提供的数据显示，
高校的录取率在过去的 15 年中，特别是在过去的 10 年
中出现了最大限度的下滑。该公司的调研人员很有雄心
壮志，他们把目光放到过去 30 年间《美国新闻与世界
报道》所发布的名校榜单中排名前一百的高校的录取率，
并把研究结果与我分享。数据显示，1984 年至 1994 年，
这些高校中大多数的录取率都保持稳定，甚至有轻微的
上升趋势。然而，1994 年至 2004 年，录取率开始下降。
自 2004 年开始，录取率更是直线下降。1984 年至 2004
年，塔夫斯大学的录取率仅降低 7 个百分点，从 34% 下
降到 27%，然而，2004 年后，录取率又持续下降了 6 个
百分点。鲍登学院 2004 年的录取率和 1984 年相差无几，
都在 24%，但是该校现在的录取率仅有 15%。艾姆赫斯
特学院的录取率 20 年来稳定地维持在 21% 左右，然而
自 2004 年开始，10 年间，其录取率暴跌到 13%。

　　虽然许多公立大学的竞争程度并没有这么激烈，然
而，想要被录取也是越来越难。密歇根大学的录取率自
1984 年的 56% 跌至 2014 年的 32%，这个数字包含了占

班级大多数的本州学生，以及为班里的少数席位竞争并面临着 2/3 淘汰率的外州学生。同一时间段内，加州大学伯克利分校的录取率从 48% 降至 17%（生源同样既包括本州学生也包括外州学生）。

这些学校录取率的下降程度远远超乎人们的想象。《纽约时报》2014 年 4 月头版头条的标题是，《最优秀的学生、最聪明的学生与被拒绝的学生》，"2003 年，当哈佛大学及普林斯顿大学成为录取率最先跌破 10% 的顶尖高校时，这两所学校收获了（来自未来申请者的）沮丧、（来自其他高校的）嫉妒和（来自被录取者的）满足。自此之后，陆陆续续有至少 12 所高校录取率降至 10% 以下"。而且，至少还有另外 12 所高校的录取率仅略高于 10%。

改变的原因很明显：学校并没有扩招，或者扩招的数量并没有满足提出申请的年轻人数量的增加，而申请数量的激增则反映了某些发展趋势。一则，越来越多的外国学生申请美国高校，也有越来越多的外国留学生被录取，这就意味着，在那些竞争很激烈的学校中，留给美国本土学生的名额越来越少。我与很多大学招生顾问有过交流，这些人收取昂贵的咨询费，为考生家庭提供建议，告诉他们高中生应该如何去迎合录取官的心理。我对这些策略很好奇，然而这些顾问一直在言及其他：即在过去的五年中，来自欧洲及亚洲客户的需求正在稳定上升。

大卫·莱恩哈特是我在《纽约时报》的同事，他经常分析来自各种渠道的数据，以寻求获得一幅准确的关于时下高校生及他们高校经历的图画。2014年春，斯坦福大学录取率出现历史新低，他在报道中写道，申请精英学校的学生中，留学生数量占了将近10%，而其中五所高校留给本国孩子的申请名额自1994年至2012年已经降低了20%。（这五所高校分别为卡尔顿大学、达特茅斯学院、哈佛大学、耶鲁大学和波士顿学院）

莱恩哈特写道，"高校已经走上全球化道路"，并提出，学生群体的国际化趋势有两点推动力：一来，校园的多样化方式与如今商业活动的无国界特点相一致；二来，海外留学生往往来自于能负担得起出国旅费的富裕家庭。

但是，全球化并不是优质高校申请者激增的唯一原因，美国本土学生申请者的增多也是原因之一。得益于互联网，在世界各地的各类学生可以对他们之前并不很感兴趣的学校进行研究和追踪，而长途旅行的愈加便捷和实惠则意味着，大批学生不会再受地理因素限制而被局限于离家近的学校。对于那些最令人向往的高校来说，这一点意味着将有更多申请者。这些学校的主导生源依然是那些特权学生——根据一项被广为采用的估算显示，大约有 75% 的来自排名前两百的高中的学生出自美国高收入家庭——从最优质的预备学校到常春藤盟校这条求学之路不再像曾经那样顺理成章，而对于一些普通高中的学生来说，则有越来越广阔和多样化的渠道通往精英学府。此情形甚好。同样地，这也为更加激烈的竞争提供了推动力，是各高校煞费苦心想要达到的效果。

曾几何时，学校的选择性——很大程度上由录取率衡量——成了其价值的代名词。这种情况的出现，一部分责任可以追究到《美国新闻与世界报道》所发布的年度美国高校排名上。这个排名始自 20 世纪 80 年代，其影响力也逐渐上升。排名将学校的录取率纳入考量因素中——录取率越低，评价越高——很多学校为了追求高排名，自然要努力通过吸引更多的申请者来降低其录取率。各高校使出从未有过的浑身解数来招揽生

失控的游戏: 追逐名校如同飞镖游戏, 即使多投点, 也难以正中靶心

源。各高校从 SAT 考试招生办那里购得超过一定分数线的地理因素合理且服从调剂的学生名单, 然后给这些学生发放一些精致而有诱惑力的年度宣传资料——环境优美的校园! 闪闪发光的显微镜! 高校招生办不再仅仅负责资格审查, 而更是一部象牙塔大片的高效传播者。泰德·奥尼尔曾任芝加哥大学招生办公室主任, 2009 年离职之时, 他已经在那里工作了几十年, 他曾说, "高校的确有些疯狂", 并对我解释道, 高校申请者过多 "已经成为提升学校排名的方法, 而招生办公室实际上也沦为维系公共关系的武器"。波莫纳学院前任招生办主任布鲁斯·波什说, 很多年前, 学校的招生官会到各州宣讲, 赞美自己的学校并鼓励学生报考, 当时, 这些卖力推荐的目的还在于提高学生进入本校学习的概率。可如今, 招生官燃起考生的斗志, 为的是要挫败他们, 给予他们希望的目的在于毁灭希望。换言之, 如果有更多学生挫败而归, 他们的劝诱就是成功的。

高校招生官们甚至出资给大学报考辅导员, 让他们从知名高中飞到本校, 并为他们提供精心安排的宣讲。这样一来, 这些辅导员便能够给他们的学生推荐这些对他们非常客气友好的学校。

2010 年从波莫纳学院辞职的波什说道："波莫纳学院就有这种安排。"他现在就职于查德威克学校大学报考指导处。这所学校位于洛杉矶，是一家著名的私立学校，提供自幼儿园起十二年的教育。波什说道，"查德威克学校的教职员工就经常飞往全国各地。"

自 2008 年起，美国经济直线下滑，航空业虽然对经济发展有所贡献，但随后又一落千丈。劳伦·格斯克是旧金山城市学校的大学报考辅导员，她告诉我，自 2013 年秋至 2014 年春，她飞去几个学校考察，包括查理斯顿学院、南加州大学、位于马萨诸塞州北安普顿的史密斯学院以及位于缅因州巴港小镇的大西洋学院。这仅仅是她就职的第一年。

这种情况的出现还有另外一个原因：互联网时代高校申请的简单化。考生们不用像我在 20 世纪 80 年代早期那样花精力在文书写作和邮寄等方面，变化之大让人感觉那时仿佛是中生代那么久远。学生们不再需要逐字打印申请资料。他们有复制粘贴这个奇妙的文字处理系统，除此之外，他们还有通用申请，一个可以直接提交的电子版申请。申请学校时提交通用申请及某些学校需要单独提供的资料即可。这个方式即便不适用于全部高校，也适用于大部分高校。

通用申请正式面世于 1975 年，几十年后，它成为公司运营的产品，近几年，其行情和流行程度极速攀升。2008－2009 学年，大约有 41.65 万名准备考大学的高中生使用通用申请。其后五年，根据指定及草拟这个申请的组织估算，这个数字几乎翻倍，约有 80.9 万位学生使用通用申请。其受欢迎程度升高，高校对其的认可度也增高，2013－2014 学年，有 517 所高校接受通用申请。通用申请政策制定的高级主管斯科特·安德森告诉我，2014－2015 学年，有 550 所高校接受通用申请。

如果学生们想要多申请两所、三所或是六所他们比较感兴趣的高校，那么相对来讲，简称"通申"的通用申请降低了学生申请的麻烦程度。因此，单个学生申请的学校比以往增多了——进而，单个学校的申请人数也就增多了。25 年前，想考大学的高中生中，申请 7 所高校以上的学生仅有 1/10。而今天，这个数字为 1/4。

我所访问过的许多大学报考辅导员、学生及家长告诉我，对某些家庭而言，每所学校 35~90 美元的申请费并不高，因此，他们会申请至少十二所学校，有些甚至申请二十所学校,这个现象并不罕见。他们的想法是:"如果多投点飞镖，也许有一支能正中靶心。"

凯瑟琳·格罗斯 18 岁，来自马萨诸塞州的牛顿市，2014 年秋在约翰霍普金斯大学开始她的大学生涯。她说："我申请了十四所学校，我的一个朋友申请了二十所。我并不是胡乱申请的。"来自新泽西州范伍德市的 18 岁少年尤达·艾克斯罗德 2014 年秋开始在罗格斯大学就读，他对我说："我有的朋友申请了十七八所高校。"他是个拘谨学生的典范，只申请了十所高校。

应届生们开始习惯于机械式地申请学校，而对许多所申请的学校并没有很深的情感；高校也逐渐开始对申请者数量这个纯粹的数字感兴趣，而忽略了申请者对待申请的严肃性。2014 年，索斯摩学院的申请者数量下降了 16%。学校着手调查原因并发现，是学校让申请者除标准的申请文章外另外提交两篇 500 字作文的要求使申请者望而却步。这个结果与其他几所大学出现的因作文要求而导致申请数量增高或降低的现象相一致。因此，索斯摩学院将两篇 500 字作文减少到一篇 250 字的作文，使得录取率由 14% 上升至 17%。这所学校原本可以决定将申请要求坚持到底，背后的理论在于愿意付出更多努力的申请者一定很热爱学院，但是该校并没有这样做。

第二章

失控的游戏：追逐名校如同飞镖游戏，即使多投点，也难以正中靶心

约翰·凯兹曼认为，学校的录取率并不能说明一切，至少不足以说明一切。他是诺德公司的总裁及创办者，之前，他曾创办评估高校和并提供讯息的《普林斯顿评论》。虽然他对这种广撒网式的入学狂热有着不同理解，但他依然给予两字评价：狂热。

他对我说，"如今，这个过程已经比之前优胜劣汰的程度低了很多"，任何反对这种观点的人也只是"想要掩人耳目"。

但是，他并没有将眼光仅放在斯坦福大学或是其他常春藤盟校上。他考虑的是更大的范围，也就是更多的学院和大学，这些高校虽然排名不在前十，但至少也在百名之内，并被评价为优质高校。他表示，虽然申请常春藤盟校的学生数量并没有极度膨胀，但其他高校——如密歇根大学、加州大学伯克利分校及波士顿大学——在过去三十年里，申请者数量都有快速增长。这三十年间，许多像纽约大学和南加州大学这种规模很大的高校都进行了自我改造升级，以便能够跻身于名校行列。凯兹曼说，以上两种趋势合在一起，表明了从统计数据上看，美国高中生想要申请到排名前一百甚至前五十的高校比三十年前要更容易。

随后，他给出了一个重要说明：他所说的是申请到上述那些高校的概率，而不是学生所心仪的那一所、两所或四所。他说，如果申请名校的时候能做到普遍撒网，那么比起几十年前，你能申请到其中一所的概率确实要高很多，因为这是一个关于高校招生总名额与全国当届申请大学的学生数量的数学概率问题。

"那么问题来了，为什么大家还是如此焦虑不安？"他问道。

原因有几个。第一，上述概率的增大并没考虑到有更多的美国学生申请这些名额：这种热情反映在完美的、精心设计的中学简历，以及随之而来的过多的优秀申请生。在一些学校里，高校招生办的地位比以前高很多。另外，像我一样的媒体人发现，这种申请现象很惊人，以至于我们对其进行了越来越多的报道，也因此增加了关注高校情况的家庭的焦虑程度。这些家庭随后陷入入学狂热症中，为上述情形提供了新的案例。教育与政治一样，我们被竞争所吸引，为胜者而疯狂。2014年，凯兹曼在其所写的《华盛顿邮报》的专栏报道中指出："去年，《纽约时报》关于哈佛大学的文章比其他所有社区大学加起来还要多。"

失控的游戏：追逐名校如同飞镖游戏，即使多投点，也难以正中靶心

无论对错或疯狂与否，大多数学生并不仅仅是对进名校感兴趣，他们有强烈的倾向性。更多的学生倾向于进排名前二十甚至前十的学校就读，当然，考入这些学校的难度要比以前大很多。

难度不仅体现在惊人的低录取率，这个低录取率的覆盖范围并不包括那些天生很优秀的人。（是不是有些自相矛盾？）不，因为这些优秀学生所面临的是更低的录取概率，因为其他学生也会申请名校，使得分母增大。普林斯顿大学的录取率可能是 7.3%，但是，对于那些父亲、母亲或其他亲属毕业于本校的学生来讲，录取率则要大于 7.3%，当然，明星运动员的录取率也远大于 7.3%。所以，对于那些家长毕业于普通高校的聪明的书呆子来说，录取概率则低于 7.3%。

2011 年，迈克尔·赫尔维兹发表了其关于高校重视家庭背景的程度的研究结果。当时，他正在申请哈佛大学教育学院的博士项目。他的研究对象为申请 2006 年进入 30 所最热门的名校就读的学生，样本总数超过 13 万人。他发现，在成绩、考试分数及其他条件不相上下的同学中，有家庭背景的学生比其他学生的录取率高23.3%。

如果申请者"出身显赫"，意思是其父亲或母亲，而非姑姑、祖父母一类的亲属出自我们所说的那所学校，那么他被录取的概率要比其他学生高 45.1%。换句话说，如果一名没有任何家庭背景的申请者考入某高校的机会为 15% 的话，那么旗鼓相当的另一名有家庭背景的学生则有 60% 的机会能被录取。当赫尔维兹将研究结果发布后，这个天壤之别震惊了许多人，那些没有家庭背景而想要申请名校的学生也应该牢记在心。这些学校可能会广泛地谈论并推崇多样性，它们可能会宣传自己在某种程度上甚至期待普通家庭出身的孩子来中和学生群体。但是，这些学校无疑倾向于校友的后代，他们才是学生群体的主力军。原因在于，这些学校不仅是学习的场所，还具有商业的一面——而且有可能后者更重于前者——因此，校友的孩子就像是忠诚俱乐部会员。

这一点可以从赫尔维兹的报告中看出，抑或从八年前，2013 年普利策奖获胜记者丹尼尔·金为《华盛顿邮报》所写的系列故事中找到相似之处。金通过记录一个又一个的案例，叙述了一些拥有很高声誉的高校为了吸引包括校友后代在内的家境殷实的申请者而降低标准，并记录下了在入学竞争时社会特权及金钱的力量。2006

失控的游戏：追逐名校如同飞镖游戏，即使多投点，也难以正中靶心

年，他将报告整理成了一本书，书名为《大学潜规则》，书的副标题为"谁能优先进入美国顶尖大学"，这个副标题总结并明确了一个认知，即给某些学生的特权就是对另一些学生的不公。

在这本书中，金写道，杜克大学"考虑到申请者的家庭财富及社会关系，每年至少录取一百名非校友后代的学生"。在这些例子中，该校考虑的不是过去的贡献，而是追求未来的价值。同样地，金还讨论了 2001-2002 学年申请 2002 年秋季入学的普林斯顿大学提前批次的哈里森·福里斯特的命运。金从内部得到消息，并写道，"录取官大吃一惊：他的成绩和测验分数要低于标准很多"。普林斯顿大学将申请者的学术成绩划分为 1 档（最好）至 5 档（最差），而福里斯特属于 5 档。其他非学术等级分层中，他要么在 3 档，要么在 4 档，虽然他曾在学校担任课外活动的领导，但在其所在州甚至全国范围内并不算是尖子生。

不要紧。哈里森·福里斯特是比尔·福里斯特的儿子。比尔·福里斯特是普林斯顿大学的校友，当时，他是美国一位代表田纳西州的重要参议员。福里斯特家族也许预见到了有一天哈里森需要得到支持，于是曾从万贯家

财中拿出 2500 万美元，为普林斯顿大学改造并翻新了一幢物理楼。该楼改名为福里斯特校园中心。

普林斯顿大学对哈里森敞开怀抱。在提前录取过程中，学校还有一些其他的举动，让金感到很新奇。学校录取了同样提出入学申请的哈里森在圣奥尔本斯中学的四位同学。这所中学是位于首都华盛顿的一所学费昂贵的私立学校，这几位同学的学术成绩比福里斯特好很多，如果他们被拒，福里斯特的录取将会显得更加奇怪且不合逻辑，从而引起学校不愿听到的议论。金展开研究的那一年，圣奥尔本斯中学申请普林斯顿大学的成功率达到了空前绝后的高水平，而这一切，在金看来，只是为了掩饰学校对福里斯特的偏爱。

这种偏爱持续发展并愈加严重。近几年，哈佛大学承认，一个普通班级里，校友的孩子占总数的 12%~13%。可想而知，不仅对于出身显赫的学生，而是对所有有家庭背景的孩子来说，这个数字都要更高些。哈佛大学还承认，对于出身于显赫家庭的孩子来说，录取率大约在 30%——或者说，这些孩子的申请成功率约为全部申请者的 5 倍。

2011 年，一篇刊登在《民族周刊》网站上的文章声称，耶鲁大学的情况也相差无几。据此杂志报道，耶鲁大学2011 年秋季入学的大一新生中，有 13.5% 的学生曾有家长在耶鲁大学读本科或研究生。常春藤盟校的情况也类似。据《泰晤士报》报道，申请 2011 年秋季入学的普林斯顿大学校友的孩子中，有 35% 被录取。两年后，康奈尔大学承认，校友的孩子占全部生源的 15% 左右。

所以说，成为校友的后代很好。但是，成为一名优秀的运动员或是会一项学校迫切需要且能为学校所用的独特运动更好。康奈尔大学或许缺少一支能与奥本大学媲美的足球队，乔治城大学的游泳成绩或许没有佛罗里达大学的成绩优异，但是，康奈尔大学和乔治城大学都很在意校园活动的广泛性和多样性。当然，两所学校也同样期待在所有竞赛场地中赢得胜利。这两所学校都有校友参与到各种运动中或是关注相关赛事，抑或是既参与又关注。他们对母校的感情以及他们财政支持的数额大小会受到团队表现的影响，所以，校方会希望团队有出色的表现。换句话说，竞技运动影响着商机。当然，没有优秀的运动员，何谈竞技。

2014 年春季，我在普林斯顿大学教授一门新闻类课程，每周在学校里住四天，不仅与研讨会中的 16 位大二、大三、大四的学生相处融洽，与其他学生也有交流。我很吃惊地发现，我经常能碰到以运动为敲门砖进入大学的学生。我认识的一个学生告诉我，她能进普林斯顿大学就读是因为，她在读预科学校高年级的时候，普林斯顿大学的女队教练认为她是一名有无限潜力的赛艇运动员。了解到她的学习成绩也很优秀之后，该教练热情地邀请她加入普林斯顿大学，而录取委员会也欣然接受了她。

另一名来自曼哈顿的学生所生活的社区和就读的私立学校，是那种聚集大批渴望进常春藤盟校就读的学生的地方，名校申请成功的概率也就会大一些：医生、律师、华尔街巨头的后代们显得并不那么出彩，而吸纳太多这样的学生并不能打造一个多元化发展的学校，但是这名学生是名优秀的击剑手。普林斯顿大学有一个击剑队，而这个击剑队成绩并不好。

运动员有很高的价值，体育运动又如此重要，于是早在学生九年级时，大学教练就开始挑选学生，然后向他们保证，只要他们能够保证 GPA 在 3.5 以上，SAT 成绩不要低于在校生平均水平太多，就可以录取他们。这些教练来自各个高校，而不仅仅是那些足球比赛能够获得电视转播、篮球队可以打进全国大学体育协会所举办的篮球赛事半决赛的南方及中西部的大型州立大学。我所提及的是那些来自良好声誉根植于学术成绩的高校的教练，我所谈论的运动是除了足球和篮球之外的体育运动。例如，曲棍球及冰球教练就对新生录取很主动，他们可选择的余地相对较少，因为并不是每所中学都有相应的运动队。

　　然而，有优势的并不仅仅是运动员和有家庭背景的学生。在《大学潜规则》一书中，金估算，在精英学校中，少数族裔占学生总数的 10%~15%；运动员占 10%~25%；有家庭背景的学生占 10%~25%；有潜在为学校捐款可能的人的后代占 2%~5%；名人及政客的后代占 1%~2%；校职工子弟占 1%~3%。如果把每个群体数值区间取中位数，得到的结果是，有 55% 的学生在录取时会被特殊照顾。我取中位数计算是因为，一名申请者可能既是少数族裔又有家庭背景，或者既有家庭背景又是运动员，诸如此类。而且，我要马上强调的是，一些有家庭背景的学生可能不需要通过正常录取途径就能被录取，而运动员取得的成绩则是必备的，这些成绩是对纪律、性格和素质的反应，并不比学术光环暗淡。

然而，55% 这个数字也可能是个保守猜测。我选取的是金提供的数值区间的中间数字，而不是最高数字，而且他的数字中并没有涵盖那些既没有家庭背景，又不是职工子弟，但却与学校有着其他方式的关联，或是利用自身或家人的社会关系网为他们铺路的情况。也许他们有亲属与校长相识；也许他们好友的家长、其母亲的律所合伙人、或是父亲在医院的同事是该所大学的知名校友，在某处的某个人一个电话或者一封推荐信，就能让一名学生脱颖而出。

佐伊·扎格海曼说："这种情况很常见。"她是大学预科 360 公司（译者注：College Prep 360）的创始人和董事长，这家公司总部在布鲁克林，为客户提供一对一家庭辅导及大学录取指导。她告诉我，当一个家庭向我保证他们可以通过社会关系对孩子的第一志愿产生影响时，一般来说他们的正确率要大过错误的概率。她说："家长们会说，'别担心，别担心'，然后我会说，'好的，但是，我们最好还是申请六七所保底学校'，学生也同意这样做。"

并没有明确的、毫无偏见的评估来衡量这些关系的价值到底有多高。一来，这种评估根本不可能实现，因为价值是完全主观的评价。二来，学校可能会利用全部的申请者来建构其学生群体。学校可能需要几个业余电影拍摄爱好者、一些能够吸纳进管弦乐队的双簧管演奏者、少许来自爱达荷州或阿拉斯加的学生、几个说波斯语或印度语的用以与流利掌握西班牙语和中文的学生互补的孩子。但是，对以上学生的需求并不多。这种心愿各校之间有所不同，每所学校每年的需求也不尽相同。

蒂姆·莱文是定制教育公司（译者注：Bespoken Education）的创始人及总裁，这家公司总部设在纽约，致力于为客户提供家教及咨询服务，其办事处及客户遍布全国乃至全世界。他说："也许学校需要一个排球选手，或是壁球选手，又或者需要一个而非五个能服务于孤儿的学生。你可以去上烹饪课程，成为一名优秀的中学主厨。不过，耶鲁大学可能会拒绝你的申请，因为已经有三位主厨被录取，而该校不再需要第四位。"

学校是否关心有越来越少的学生对一个特殊系别感兴趣并愿意报考该系？如果答案是肯定的，而且这个系是哲学系或艺术历史系，那么一个对这两个专业展现浓厚兴趣的孩子便有了优势——或许这一点连他自己都不知道或没有任何相关计划。录取工作进行时，录取官有时候也会凭直觉或突发奇想之类的。格斯克说："我认为录取委员会考虑得很周详，但是他们也只是普通人，他们很善变，而且经常在晚上十点阅读申请人资料。他们读资料的时候心情如何？谁知道将会发生什么？"

我写了这么多是想告诉大家，如果为人父母的你不断鞭策孩子考取一所全国知名高校，并且你还认为你是在帮助他们，那么你就大错特错了。你十有八九引领他们走上了一条伤心之路，而且，你在给他们灌输有问题的价值观，这些我在后文中会深入探讨。

如果你是个对几所名校心仪的孩子，那么你需要退回现实，思考一下你的愿望是否切合实际，也认清赞助及纯粹的运气所扮演的角色。你要进入的高校绝对能提供最优质的教育给任何一个坚持考取并将全身心投入在学习中的学生。但是，你能顺利考入这样一所学校的机会很渺茫。基本来说，你无法控制结果，而这个结果并不能代表你的才智和潜力。如果忽略这一点，就意味着你基本上已经加入了一个失去控制的游戏。

Chapter 3
Obsessives at the Gate

第三章
**不公正的录取竞赛：
功利性的名校狂热，对你的
人生毫无意义**

"当今社会什么才是值得的？学生被大学录取可以有成千上万种途径，这些途径可能并不公平或正当。"

——塔拉·道灵
乔特罗斯玛丽高中大学升学顾问

如果你对如此疯狂的情况还心存一丝疑问，那么你可以去一位我所熟识的常春藤盟校教授的办公室寻找答案，并偷偷地听一下最近他向我介绍的情况。

　　他的几个亲戚拜访了他。他和他们并不很熟——虽然可以花时间寒暄——但也仅此而已。这几个亲戚的角色是，父亲、母亲和女儿。女儿已经准备好要申请大学，尽管"准备好"并不是个合适的形容词。这个词代表一种相对轻松的状态，一种注意力的转移，而非像她许多疯狂而疲惫的同学一样，多年来被取得更好的分数、更让人眼花缭乱的成绩和更丰富的履历团团围住无法脱身。她和她的父母知道竞争的激烈程度。教授从他们的表情中可以看出，他们不仅仅是紧张和单纯的希望，用拼尽全力来形容这三个名校朝圣者的状态似乎更接近。

　　他们来到这位常春藤盟校教授的办公室，目的不仅仅是考察校园情况。他们是来膜拜和敬拜这所高校的。他们精心装扮，想要拉拢教授站到他们的阵营，想要凭借三寸不烂之舌打动教授，以便使得教授在他们离开之后，或许能打电话或发电邮告诉某个录取官，他刚刚见了一个很优秀、很值得培养、很值得学校吸纳进来的女孩。

于是，女孩的家长把孩子的成绩告诉了教授。他们跟教授说了她的测验分数以及参加的课外活动。在女孩的家长还在想他们是否已经把孩子的优点和盘托出时，他们意识到还有一件小事他们没提到，还有一个孩子的闪光点他们忘记夸耀了。

他们对自己的女儿说："跟教授说说你在学校担任减肥俱乐部主席的事吧。"

教授告诉我这个故事的时候，我简直都要怀疑其真实性了。但是我并没有，因为我曾听到过很多类似的故事，孩子们很渴望能考进录取率低的高校，于是他们充分挖掘自身特点，将履历的每一环节进行包装，作为吸引录取官目光的诱饵。他们愿意重塑任何一个以及所有的奇特、丢脸或艰难的经历。

迈克尔·莫托曾担任过大学录取官，他曾负责耶鲁大学 2001 年至 2003 年、2007 年至 2008 年的申请者筛选工作。当我见到他的时候，他想起一名申请者的资料，这名申请者是一位年轻的女士，她的成绩、测验分数和其他方面都非常优秀。莫托当时已经准备将她推荐给录取委员会了。

随后，莫托看了她的文章。她在文章中提到了一位她很尊敬的法语老师，她提到了在某天放学后老师与她的谈话。概括来说是这样的：在他们交谈的过程中，虽然她已经非常想去洗手间，但是，她并没有打断这次谈话或是离开房间，她直接尿在自己身上了。

莫托摇摇头，告诉我说："她的观点是，她不会为了生理需要而失去聆听智者启迪的机会。"他打电话给这名申请者所在中学的大学升学顾问，表达了他对这名学生写作主题的不明所以，也希望校方能了解这个情况，以防止其有自残倾向或情绪问题。这位顾问读过这篇文章，并且对文章所要表达的意思有同样的困惑。

最后，这个女孩未能被耶鲁大学录取。同样被耶鲁大学拒绝的，还有一个男孩。他的文章莫托也跟我提及过，而提及目的在于佐证一个看法，即这些孩子到底有多么渴望以任何一种方式出类拔萃或博取同情。莫托对我说："这个男孩谈到他的生殖器发育得并不是很好，他说自己在追求一种男子的阳刚之气，并讲述他是如何克服某些困难的。"

当我把这些逸闻告诉 1997 至 2007 年在麻省理工学院担任招生办主任一职的玛瑞利·琼斯时，她并未感到吃惊。她告诉我，"孩子们简直无所不谈，就连因爸爸痛打妈妈而给 110 打报警电话，或者是得了厌食症，或是发生在患病的兄弟姐妹身上的可怕而悲伤的故事这种事都会写进去"。她记得至少有一篇文章描述了文章作者与一种自残方式——"密集切割"的抗争过程。琼斯说道，"另外，还有一些内容给我的感觉就是：别写这些，拜托，不要再剖析自己了"。

企盼与计划一直是申请大学过程的一部分，但它们已经变了味道。有恐慌情绪、抛弃自己的原则、愤世嫉俗以及拥有无聊冷幽默的人越来越多，这些都是我从学生、家长、顾问、辅导员和录取官所讲的故事中感受到的。当然，也有我自己所读到的故事：

一个异性恋孩子讲述他向其生活的亚裔美国家庭和社区坦诚出柜的事，然后向同学吹嘘他的骗局。

一对夫妻成立了一家非洲孤儿院，为的是这家孤儿院可以以他们孩子的名字命名。事实上, 孩子们去过孤儿院的次数屈指可数, 他们象征性地做一些工作, 便在大学申请资料上夸耀自己的慷慨。

在东北部郊区一个富裕社区里, 一位母亲气冲冲地闯进另一位母亲的家, 带有指控的意味, 将其女儿被麻省理工学院拒绝, 而另一位女士的孩子却将无心插柳地获得录取通知书的事推卸到这位母亲身上。

一个就读于东北部一所预备学校的男孩研究了班上同学的资料, 圈出那些他认为会与他竞争斯坦福大学和哈佛大学名额的同学。他要时刻关注他们。

曼哈顿一所私立学校里, 一组学生组织成立了一个幻想联盟, 来计算和预测不同的学生被某个学校拒绝和录取的概率。

在纽约一个富裕郊区的公立学校里, 一组学生聚集在图书馆讨论那些去参加模拟联合国活动的优等生, 并开玩笑地说道, 如果大巴出车祸就好了, 这样, 为每班前 10% 的学生预留席位的优等生社团就能空出许多位置。

一位住在韦斯特切斯特县的母亲对着一位 SAT 辅导老师大吼大叫, 因为她儿子的 SAT 成绩从高中三年级三月第一次参加考试的 1500 多分提高到五月第二次考试的 1700 多分（总分 2400 分），仅提高了 200 分。她决定让儿子再参加一次考试，就在两周之后的六月，而且，她还给儿子另外安排了一个很紧凑的 10 天复习计划，包括三次超过三小时的模拟考试。

一位家长为了使孩子从联合学院的录取候补名单中胜出，打电话给学校招生办主任大喊大叫："我简直不敢相信！这事太可怕了！"几分钟后，这位家长打电话给招生办道歉。之后，这位家长又打了第三通电话说，"我知道你们很讨厌我，我就是个十足的讨厌鬼。"

莫托记得，一名排在耶鲁大学候补名单的申请者为了能拿到录取通知，曾经送过他一整盒拼成莫托名字的饼干。（这名申请者最终没能被录取）莫托从耶鲁大学离职，几年前，他创立了高地苹果公司（译者注：Apple High），该公司总部位于曼哈顿，致力于为学生提供大学升学指导。这个经历使他对那些准备考入最难进的名校的学生的决心和伪装本领有了全新的认识。

他对我提起一个客户。这个学生的父母全身心投入到帮助孩子写申请资料上——如果一个家教都能为孩子的成功努力, 父母为何不可? ——并想到一个他们认为最完美的大学申请信点子。莫托说, "这封申请信中有抗争, 有跌宕起伏, 当然还有一个大团圆结局。信中描述了他们的儿子是经历一番波折才来到这个世界的, 因为'他们的受孕过程很艰难, 经历各种波折, 去过很多次医院, 看过很多医生'"。

莫托跟我说, "这对父母打好草稿之后觉得很完美"。然后, 他们把草稿拿给儿子看, "孩子说这些内容写的都是他出生之前发生的事"。最后, 这个学生选择的主题是, 随着不断的成长, 他成为一名数学爱好者, 并利用数学知识帮助体能恢复中心的病人进行恢复训练。

另一名学生晚上11点半打电话给莫托, 因为她修改了申请信中的几个标点符号。实际上, 这封信莫托已经读过, 并已经给出答复。她对莫托说, 如果莫托不去读她的修改稿并确认申请信没问题, 她就无法入睡。

莫托说, "这根本就不是一篇文章, 而是一封信"。

有一位来自欧洲的母亲打电话给莫托。她的孩子正准备从高中三年级升至四年级。她已经情绪失控, 因为她听说招生办想要吸纳暑假过得多姿多彩、最好是做慈善工作的学生, 而她的儿子本来计划八月份和家人一起度假的。

她问莫托："我们是不是要改变计划，让他去修路？"

莫托提醒她，她生活在一个道路平坦的欧洲国家首都，"哪里去找这些该修的土路？"莫托问道。

"印度？非洲？"她建议道。她也没想好。但是，如果耶鲁大学能够被这样的画面打动：她儿子伤痕累累的手上拿着小铁锹、大铲子、耙子或手提钻，那么她很自信能够在第三世界国家找到这样的背景，来打造这样一个艰苦却高尚的画面。

当然，这种夸张的歇斯底里并不是普遍现象。同样少见的是，莫托和其他私人顾问的办公室分布在纽约及其他城市的高压力环境中，他们有一些富有而任性的客户，这些客户有能力并了解自己的强大影响力，他们自信可以为了孩子而改变游戏规则，并且也会这样去做。然而，他们自身和他们的行为是制造更严重焦虑的极端表现，并促使生活在贫富分化愈加严重的世界中的家庭为孩子考大学而更加努力。另外，他们也为高校录取开辟了一条产业化道路，其中的利益远远超过美国最富有的家庭的财富。

显然，纽约是这场竞赛的起点，某些孩子从孩童时期开始就参与进来。苏珊·博德纳是曼哈顿的一位心理学家。她告诉我，十五年前，她曾带着 3 岁的儿子罗南去参加霍林沃斯幼儿园的所谓的面试。她在上西区的邻居告诉她，一定要让孩子上这所幼儿园，因为它是常春藤盟校的起点。如今，这所幼儿园的网站吹嘘自己为"一个受各种教育理论及教育方法支持、在教学法上不断创新的混合型项目"。

博德纳记得，当她到幼儿园的时候，环顾四周，看着其他的小朋友，感觉到她对即将发生的事已经做好充分准备。这件事就是，校方管理人员会随处走动，并让孩子们一个一个地讲述关于他们所搭的城堡或是手里拿的小雕塑的故事。她说，"3 岁大的孩子们会讲讲骑士与公主的故事，而我的儿子手里拿着一个塑料青蛙，她问道：'青蛙在做什么？'我的儿子回答：'在跳。'然后故事到此结束"。

"故事就这样结束了。"博德纳说，"他并没有融入进来。他的青蛙仅仅是在跳而已。应该用青蛙编个剧本或故事的，而他的青蛙只是在跳。他才 3 岁。"

2003 年，安东尼·马克斯第八年担任艾姆赫斯特学院校长一职。这之前，他住在纽约，当时，他的孩子们年纪还小。当他儿子到了上学的年纪时，马克斯对我说，"我去参加亨特学院附属幼儿园入园家长会。当我走进那间教室的时候，都能感觉到肾上腺素的升高。你能直观地感受到，'看吧，要打败这么多孩子才能考进亨特幼儿园。'"

难怪在 2009 年，一位本科毕业于麻省理工学院并曾在投行工作的人，在拿到哥伦比亚大学工商管理硕士毕业证书前成立了亚里士多德思科入园咨询公司 (译者注：Aristotle Circle)。该公司为想要进顶尖文法学校、幼儿园甚至学前班的孩子提供辅导和补习，每小时收费最高可达 450 美元。光听名字就很厉害的亚里士多德思科公司属于为小孩提供辅导这个朝阳行业。2012 年，《纽约时报》公布，为了能满足进入纽约市公立学校精英项目就读的条件，4 岁及 5 岁小孩的考试分数有显著增长。申请这些精英项目的成绩合格的学生中，只有不到 1/6 的孩子能被录取。而且，《泰晤士报》还抛出一个无法回答的问题，即私人辅导是否有用。

随后，《泰晤士报》针对家长们对孩子的教育之路到底提早多久做准备提供了一个更生动的例子。这个例子探讨了"一个坚定的观点，即优质的学前班项目对为了获得国内最难考进的高校的入场券而进行的十四年的战斗有帮助。"注意，这里用的词语是战斗，而战斗的持续时间为：将近十四年。《泰晤士报》随后以公立学校与私立学校为研究对象，从多个角度做了一个严肃、冗长而认真的分析，列举出从学前班开始到令人紧张恐惧的大学入学考试，巨额教育投入的利与弊。在研究的过程中，读者可以看到，就地处曼哈顿的三一学院幼儿园而言，对非校职工子弟孩子的录取率为 2.4%。据某年数据显示，三一学院高中毕业班有一半学生都是从幼儿园起就在本校就读的。霍瑞斯曼学校、三一学校、河谷学校、菲尔德斯顿学校等都属于纽约盟校，它们称呼自己为"常春藤预备学校"。位于曼哈顿的霍瑞斯曼学校，其幼儿园一年的全托费用超过四万美元，与纽约盟校其他年级的学费相差无几。

另外，许多家长还另外给孩子请家教，特别是当大学入学考试逼近的时候。定制教育公司总裁蒂姆·莱文说，有些家庭与其公司签订 SAT 备考协议，费用约为五千美元；而有些家庭则聘请不同科目的家教，或是请老师帮助孩子们合理安排时间并完成家庭作业，这些家庭的花费可能高达每年三万美元。

米歇尔·赫尔南德兹从事大学升学顾问一职多年，提供自八年级或九年级起至五年或四年之后的大学申请过程中的学生指导服务，全程收费大约五万美元。她的指导方法是，就学生修哪些课、参加哪些暑期项目，以及如何安排及搭配课余活动等方面提供建议。或者，家长可以支付一万四千美元，让孩子参加每年夏季由赫尔南德兹筹办的应用训练营。训练营分为几期，每期有 25 到 30 名高三及高四学生。这些孩子被安排到一家酒店，与一组大约 8 名编辑一起，进行为期 4 天的文章修改。赫尔南德兹告诉我，每位学生有三到五篇不同的文章，每篇文章大约要修改十稿。最近几年训练营的地点在马萨诸塞州的剑桥。上述费用中包括午饭及除文章修改之外的一系列指导工作，不包含路费及酒店消费和早晚餐费用。

智慧常春藤公司（译者注：IvyWise）是一家位于曼哈顿的大学申请咨询公司，从其名字就能看出这家公司为客户承诺些什么，以及给那些满怀期待的家长以什么样的诱惑。这家公司的创始人是同时拥有布朗大学和耶鲁大学文凭的凯瑟琳·柯根，她为客户提供的"白金服务包"费用为三万美元，包含高中三年级及四年级期间的 24 次指导服务以及每周一次一小时的电话答疑服务。大多数时间，她都无法满足太多想要加入白金之路的客户需求。她对纽约杂志说，"我忙到需要复制一个自己了"，而杂志上关于她的内容就像明星资料一样，充满了对其配饰、服饰甚至身材的称赞。

但是，当我读到柯根的故事，或是与莫托和赫尔南德兹这样的人聊天时，我联想到的专业人士不是演员，而是选美皇后评论员。他们／她们研究往届优胜者的泳装及步伐，目的是确保本届的竞争选手拥有最优雅的仪态和最悦耳的笑声。如果能有一个好看的发型，并在合适的时机轻声倡导"世界和平"，那么冠军的桂冠就有可能被你收入囊中。大学入学顾问们坚称，他们努力给家长和孩子们指引方向。这些家长和孩子来咨询之前，不相信有万无一失的方案，也不相信关于符合他们兴趣和目标的高校的完善调查；然而，他们在沟通的时候并没有表达出这个意思。

赫尔南德兹大学入学咨询公司（译者注：Hernández College Consulting）网站首页的标语为"让我们帮助你脱颖而出！"在这个首页上，你可以点击"常春藤大学数据"。高地苹果公司的首页用大号字体写道："想要进名校比以往更难。让高地苹果帮你获得有竞争力的优势。"值得赞扬的是，雅格·海曼的公司大学预科360的网站首页没有探讨如何提高成绩以达到分数线，也没有谈论如何让孩子考上能力范围内最好的大学。但是，当我点击"关于我们"一项时，链接到的网页上满是客户的评价，如一个之前的客户写道："如果没有佐伊，我儿子不可能考上耶鲁大学的提前录取项目。她鼓励我儿子，并不断给予他帮助。"评论的落款为"一个自豪的妈妈"，这个自称挺让我惊讶，因为仿佛录取和拒绝要归结于他人。

这些行为到底多管用？对于那些熟悉大学申请流程，以及那些因相信可以通过金钱获得有利优势而进行投资的人来说，录取委员会的人已经变得精明，他们很讨厌那些包装过火的慈善工作、带领一个三人小组白手起家、花费几个暑假学习斯瓦西里语以及那些家庭悲剧成为个人成长转折点的触及灵魂的故事。

然而，要了解这些是不可能的。不难想象，前文谈到的一个数据——即在排名前两百的学校中大约75%的学生来自美国高收入家庭——并没有受到高额的辅导费用所影响。至少，一个出身于负担得起孩子到有更多扩展项目的小学及中学读书的家庭的孩子将有更多的机会在分数、大学选修班、课外活动及SAT成绩和ACT①成绩中取得先机，而这些方面都是成功被名校录取的基础。实际上，SAT成绩与家庭收入的正相关关系已经得到证实，所以，这也揭示了这些来自富裕家庭的孩子将会获得持续的教育投入，同样也揭示了，考进常春藤盟校在大多数案例中既是一种特权徽章，也是一种家庭实力的体现。

当少数富裕家庭选择应用训练营和"白金服务包"的时候，高中辅导员以外的其他形式的支持也并不罕见。2009年，一项对超过1250名SAT或ACT成绩排名前1/3的高四学生的调查显示，26%的学生都曾付费使用过大学入学咨询服务。

马克·斯科拉罗是独立教育咨询协会的会长，他认为这个数字要更高些，至少在当时是这样。他自己的估算是，2014年7月，至少有25%想要考私立大学的学生和10%~15%想要进公立大学的学生参加过付费咨询活动，而且他还说，咨询师的数量持续增长，且近期的增速达到了一个新高。他说，十年前，大概有1500名

注：① 美国大学入学考试。

全职独立大学入学顾问。这些顾问不领任何学校的薪水，也不附属于任何给学生提供免费咨询服务的学校。2009年大约有 2500 名这样的顾问，而到了 2014 年，这个数字大约为 7500 名，顾问的数量五年间增长了两倍多。

与此同时，考试补习行业——补习营地、补习班、文章发表培训——是一个有几十亿利润潜力的行业，影射了其对来自不同经济背景的孩子生活的入侵。来自不同经济实力家庭的孩子有着不一样的目标和策略，他们努力增加自己被录取的概率，这些目标和策略可能会对录取过程产生影响，对一部分考生更有利。考进第一志愿的学生更有能力吗？还是说他们对于教育系统及其运作模式理解得更清晰？

对招生流程的关注是一个普遍现象，并很明显地体现在承诺可以提供帮助的网络文章和书籍数量上。致力于为学生提供申请信息的大学档案网站（译者注：College Confidential）每年吸引成百上千万的独立访客。这家网站有自己的内部记录法和语言。访客们的按键信息会被记录，他们无须完全拼写出哈佛大学、耶鲁大学和普林斯顿大学，而仅需简单拼出"哈耶普"。"哈耶普斯"将斯坦福大学包含在内，而"哈耶普斯麻"则增加了麻省理工学院。"录取概率测试"则是一个访客可以玩的热门游戏的指令；一名访客可以给出他／她的成绩资料和志愿学校，然后其他访客预测其被录取的可能性。大学档案网站的论坛上充斥着大量关于录取机会及申请技巧等方面的内容。

至于书籍方面，赫尔南德兹著有《字母 A 代表录取：业内人士教你如何申请到常春藤盟校及其他顶级大学》。雅格·海曼著有《追求丰富经历狂热症：讲述一年中五名很有前途的高中生申请常春藤的经历》；几年后，她又写了一本书，名叫《中上等的成绩申请优等大学》。

这些书籍内容相似，而新颖的标题则揭露了申请顶尖大学的学生数量之多，以及学生们为了做到与众不同是多么谨慎而积极。其他书籍还有《当个书呆子：聪明的孩子（及聪明的家长）需要了解的大学录取知识》《疯狂的人：如何让孩子考上大学之一位父亲的速成班》《如何成为一位高中尖子生：一个因超群而考入大学的创新计划》，以及《如何获得高校青睐：专业人士教你如何增加录取概率》，等等。

关于窍门方面的书籍有《逃离自荐信之地狱！陈述性大学申请文写作指南》《十步骤写好大学申请文》《大

学申请文的写作艺术以及一百篇佳文欣赏》，以及《五十篇优秀哈佛大学申请文》，更不消说大量的关于标准试题的模拟练习了。为了大学申请，大量树木被砍伐用以造纸，而且以后整片大陆都有可能变成不毛之地。

迪克·帕森斯 1960 年年初高中毕业的时候，还没有很多关于大学申请方面的书籍，即使有，他可能也不会去读。他并没有花精力在研究申请流程上，即便是他所关注的三所学校。他的办法是随性而发、奇思妙想和顺其自然，这也使得他被位于檀香山的夏威夷大学录取。作为一个出生于布鲁克林区贝德福 - 斯都维森（贫民窟）、成长在皇后区南欧松公园、父母都毕业于传统的黑人学校的非洲裔美国青年，这所学校并不像是他最终会进的学校。而且，这所学校也不像是会出现在时代华纳主席和总裁以及之后的花旗集团主席的简历中的高校。作为一个开拓者和成功人士，帕森斯曾经被传言能战胜迈克尔·布鲁姆伯格而当上纽约市市长。奥巴马总统就职之后吸纳帕森斯作为经济顾问团队成员，该团队成员还有沃伦·巴菲特、罗伯特·鲁宾、罗伯特·莱许以及谷歌的埃里克·施密特。2014 年，他出席了一个混乱的活动,并被选为洛杉矶快船队的临时总裁,处理唐纳德·斯特林留下的烂摊子。

他的三个孩子成长于一个更加富裕、进入顶级高校的竞争更为激烈和公开的环境里。有时候,他会跟我说,他的妻子会跟周边焦虑的家长分享他的教育背景,用来使他们冷静下来。帕森斯笑着说:"她会让其他人跟我聊天,用来帮他们建立自信,她会说:如果这个笨蛋都能获得成功,你肯定也能。"

在如今的大学入学狂热症的大背景下,有意思的是,那些非常优秀的人其实花了很少的心思在选择大学上——而且放在从前的年代(诚然,是不同的时代),大学选择根本不值一提。但是,它依然分量十足且举足轻重。并不是说这种随意值得被竞相效仿,也并非出现了一个凌驾于其他笨办法之上的策略。都不是。类似帕森斯的经历只是把名校毕业证书的相关性和决定性结合到整个人生。这种经历强调了最终使某人取得成就的智慧和长处并不一定会被用在高校申请的过程中,也并非只有在精英学校的教室中才能被打磨和优化。

帕森斯确实也想进常春藤盟校读书——或者,最好是普林斯顿大学。待他长大成人,他知道他的目标是考大学——他的父母将这个思想灌入他和其他四个兄弟姐妹中——当他七年级的时候，他们班集体去普林斯顿大学看了一场足球比赛。

他说："我简直目瞪口呆。那些爬满了常春藤的墙壁还有那些拱门：大学就应该是这样的。如果你在东北地区长大，那么你脑海里会有一幅理想大学的模样，而普林斯顿大学就是这样。"其四方的院子彰显着一种权威，尖尖的屋顶展现着恰到好处的魅力。

就这样吧。就这么定了。他回忆道，"当别人问我，'你想考哪所学校？'我会回答，'我想考普林斯顿大学'，仿佛已经稳操胜券一样"。他绝对是一名优等生；他甚至跳过两级，而且他的标准测验成绩是全 A。但是，他也有些懒散和漫不经心，成绩单上的 B 也不少。他周边的一些成年人劝他不要把全部希望寄托在普林斯顿大学上。他的父母坚持让他同时申请纽约城市学院，既可以作为保底学校，同时也是学费相对较低的另一个选择。帕森斯坚信他不需要给自己留退路，即便如此，他还是决定同时申请包括纽约城市学院在内的其他高校，因为他渴望在离家远一些的地方上学。于是，他申请了一所离家很远的大学：夏威夷大学。之所以选择这所大学是

不公正的录取竞赛：功利性的名校狂热，对你的人生毫无意义

因为他的很多高中同学来自夏威夷。

"就是随便申请一下而已"，他说。

然而，当他被普林斯顿大学拒绝，而必须从纽约城市学院和夏威夷大学中二选一的时候，情况就不是这样了。他去到那个位于太平洋、长有棕榈树的岛上，开始认真考虑来这里读书的事。"这所学校的天体物理系很厉害"，他说，并解释这个系的研究主要与山顶望远镜以及未受污染物和过多光线影响的天空有关。他的脑海里想象着即将开启一段怎样的美妙旅程。

向西而行，他的目的地并非仅仅是学校，更是一段从未有过的独立人生和从未经历过的自力更生。因为家里兄弟姐妹共五人，他的父母无法供给他太多教育开支，而他又没有获得奖学金，因此，他的学费和生活费必须靠自己解决。他打过好几份工，工作时间之多甚至堪比全职。

大学第一年，他在一间生物医学研究中心兼职。当他获得严肃而令人满意的头衔——"实验室助理"时，他的工作职责却不太值得炫耀。他说，"我负责清洗试管"，他也在餐馆厨房里洗过脏盘子。

后来，他在一个停车场当服务生。大学最后一年，

他在一家煤气公司负责铺设管道。大学期间，他有时会参加学校的篮球比赛，偶尔也会去上上课，但是基本上，他不算是个很努力的学生。进校时，他选择的是物理系，但因课程太紧而转入历史系。即便如此，在即将毕业之际，他离拿到毕业证还差六学分。不过，他并不太在意这六学分甚至毕业证，因为他已经在另一项考试——法学院入学考试——中取得好成绩，而且尽管他的学分没修够，奥尔巴尼法学院也已经向他伸出橄榄枝。在法学院就读期间，为了支付各种费用，他曾兼职做清洁工。

　　尽管他的大学生涯看上去不像是专业成就的序幕，但在夏威夷大学的这段时光却很重要。他对我说："课上所学的内容我什么都不记得了。但是对我来说这并无大碍，因为我学到的是如何在社会上生存。"他来到五千英里以外地方求学，每年只能在暑假的时候回家一次。他到檀香山的时候才 16 岁，当地没有任何亲戚、熟识的朋友或其他社会关系，完全要靠自己。而这种背井离乡逼得他变得成熟稳重，这是其他高校经历所无法比拟的。

　　他对我说："大学生活结束之际，我依然活得很好。可能受了些苦，但还过得去。我领悟了一些事情。逆境中成长和破茧成蝶——带有一个小写字母 p——我也可

不公正的录取竞赛: 功利性的名校狂热, 对你的人生毫无意义

以做到。"回到小学和中学时代, 他跳过级, 还信心满满地申请普林斯顿大学, 当时无忧无虑的他并没有意识到, 最大胆的计划将遭遇最沉重的打击, 他当时太自负了。而如今, 他摒弃了一些华而不实的想法, 变得更加务实。

他说, "对我来说, 自信是迈向成功最重要的一步"。

帕森斯并不认为他独特的经历适合所有人。没有一种人生轨迹适用于所有人——包括那种最终成功考上名牌大学的轨迹。他说: "你得努力找到一所适合自己的学校。你需要问自己, 应该到哪所学校去培养其他的重要生活技能。"

他补充道: "我从法学院毕业后, 没人问我本科毕业于哪所学校, 他们根本不在乎。人人都上大学, 除了那些比较有名的大学, 其他大学你根本不知道。"他说, 工商管理硕士或法律博士毕业于哪所学校的确有区别, 但是学历并不代表在教室外所锻炼出的能力。

我请他详述所谓的能力, 即他所说的"重要生活技能"所指为何。他说: "是与人相处的能力、临危不惧的从容、快刀斩乱麻的魄力和穷则思变的灵活。"

"你准备好将赌注押在自己身上了吗? "他问道, "你

准备好粉墨登场了吗？"在去夏威夷上大学这件事上，他将全部身家押在自己身上。或许这使得他随着时间的推移，不得不在今后为了成功而赌上更多次。

我将帕森斯选择夏威夷大学的过程看成是一种反常的独特经历，几天前我与波比·布朗交谈时并没有提及，她是波比布朗化妆品公司的创始人和创意总监。这家公司是那种寻找未被开发的商机并发掘被其他竞争企业认定饱和的潜在商业市场的公司，她也因此被评为最具商业头脑的企业家。

我提到她是因为我被她的毕业学校所吸引：位于波士顿的爱默生学院。这所学校厉害的专业不是商科，而是传媒和艺术。从与她的对话中我了解到，她的大学生涯更是与众不同。爱默生学院是她考进的第三所高校。在这所学校的选择上，她还多少思考了一下，而其他两所学校则完全没经过任何思考。

布朗成长于芝加哥的一个富裕城郊，1970 年年中进入一所公立高中就读。当周围的孩子都在关心能进哪所高校深造时，她和其他几个要好的女同学却没有。她提前一个学期毕业——她说并不是因为她成绩好，而是因

不公正的录取竞赛：功利性的名校狂热，对你的人生毫无意义

为她已经修完全部学分——然后注册了威斯康星大学奥什科什分校的一个春季入学项目。她这么做的原因只有一个，因为比她年纪大的男朋友当时已经是奥什科什分校的学生了。

春季学期结束后，她说服男友收拾行李跟她一起转学，转到了一所她认为更吸引人的学校。但是，这所学校并不是一所有优势项目或优秀学术成绩的精英学校。布朗告诉我，"老实说，我选择学校的唯一考量是有同伴共同前往"，而这所学校就是亚利桑那大学。

她说，"我知道我们能被录取，这没什么大不了的，这所学校离芝加哥很远，一定会很有意思"，并解释道，当时她的同伴们选学校的时候，考虑的是如果想滑雪就去科罗拉多，如果想享受阳光，那么就去亚利桑那。同伴们选择了阳光。

她只在亚利桑那大学完成了一年学业，之后便向妈妈宣布，"上学不适合我"。她的父母很支持她，但也坚持道：大学教育——某种高等教育——是必要的。她妈妈问她热爱什么行业。她诚实地答道：化妆。于是这对母女开始讨论如何制订相关计划，而不是将这个行业列入不被考虑的范畴。在剧场和电影行业，化妆都是件很

重要的事，当然，专业的化妆师也在这个行业范畴中。所以，布朗要找的是培养在剧场及电影行业工作的人才的学校。

爱默生学院符合这个要求，尽管布朗告诉我，真正吸引她的还是她到学校参观之际所看到的。她看到很多人在室外咖啡馆，她非常喜欢咖啡馆的风格和这些人的打扮，她感觉非常好。

她说，当时，爱默生学院正在广纳贤士，并试图将自己打造成一所供学生尽情展现创造力的学校，因此，招生办让布朗设计一个之前没有的聚光布景。布朗回忆道："我告诉他们，'我想学化妆'，我想从事剧场化妆行业。学校有一个化妆专业。他们说，'你可以跟校剧导演和电视剧制作系一起工作。'"于是，她是这样做的：她辗转在属于课程一部分的各个行当中——剧场、电视剧、电影，并全心全意专注于粉底与散粉、下巴与脸颊、阴影与光线。

她说："毕业时，我获得了化妆专业的艺术学士学位，并辅修了摄影，但是，我所带走的知识都是我所需要的。"爱默生学院将她评为掌握自己命运之船的船长，这个角色她也一直扮演至今。"生命中的任何事物——任何事物——都是自己塑造的。不是只有哈佛大学、斯坦福大学或耶鲁大学这样的名校才是成功的入口。想要过好自己的人生并创造自己的事业，其实有很多途径。"

　　但是，她发现一条很可靠的指导原则：如果你能确定自己最热爱的行业并坚持到底，那么你就已经赢在起跑线上了。她说："通常，学生们会说想当律师、进入营销行业或进入商界，然后赚很多的钱。这个答案是错误的。当你想明白最喜欢做什么的时候，你自然会知道如何赚钱。"

　　事实证明，爱默生学院对布朗来说是最正确的选择，并不是因为她必须在成绩上好过其他同学，就如夏威夷大学与帕森斯之间的化学反应一样。她和帕森斯与毕业院校之间的关系很独特。他们的经历并不是唯一，同样也有其他的学生在踏入那些热门院校的路途中，并没有过挑灯夜读的辛苦、白天的课程辅导、参加四次SAT考试、精心创作的文章以及不确定一切能够尽在掌握的信念。

Chapter 4
Rankings and Wrongs

第四章
大学排名"不靠谱"：
重点不在于上哪所大学，
而在于你有多努力

"我认为《美国新闻与世界报道》将会因其对高等教育的破坏性的影响而饱受非议。"

——亚当·韦恩伯格
丹尼森大学校长

执着于少数几所高校而忽视其他高校，这种现象的负面影响不仅体现在以下方面：给在名校门口守望呼唤的人以恐慌，给那些没能顺利通过入学考试的学生一种莫名的挫败感，使民众对美国经济产生悲观看法，还体现在其建立在数量惊人的不可靠假设上，其中最主要的一个假设就是大学排名——特别是《美国新闻与世界报道》发布的年度高校排名——具有重大意义。

这些排名并非意义重大。例如，《美国新闻与世界报道》给出的排名就很主观，而且很容易被人为操控。这些排名依据的标准之间的关联性并不大。这个排名所展现的是自古以来的学校声誉和经济实力，并认为排名靠前的学校能够给在校生提供与众不同的教育，使他们毕业后能够牢牢地掌握未来并顺应社会。对于《美国新闻与世界报道》杂志来说，这类排名是吸引大众眼光和赚

钱的工具，而不是想要考大学的高中生的辅助工具。排
名披着一件代表着权威的暗灰色外衣，本质上却是一个
愿者上钩的幌子。

　　然而，《美国新闻与世界报道》所给出的排名依然具
有号召力。在这个充满随机信息的数字化时代，这些排
名年复一年地探寻着人们对自我判断的不确定性和对于
清楚明了的信息，特别是那些带有评分的排名信息的偏
爱。我们会将这种评分排名用在汽车、洗碗机、餐馆等
类别上。高中生及其家长花费四年时间和大量资金，以
这些排名为参考，来选择要申请的大学。这些排名越来
越像价格昂贵的商品。这些排名基于一个假定，即排名
第五的学校从某种意义上来说一定比排名第二十五的学
校优质且回报率更高；同理，排名第二十五的学校一定
比排名五十以后的学校更稳妥，也更值得吹嘘。这种观
念已经根深蒂固，任何事情都无法动摇。

　　约翰·蒂尔尼是我之前在《泰晤士报》工作时的同事。
2013 年年底，他在《大西洋月刊》网站上发表了一篇文
章，让很多读者对排名感到很失望。他写道，"同样地，
我们也会对奇多、软饮、彩票或描写卡戴珊家族 逸事的
文章等提出异议。你可以从头到脚地灌输给大众这样的

观点，即某些事其实空洞、无用且有害无利，但是，大
多数人还是想花钱买。我们每个人都有支持自己想法的
依据。而对许多人来说，《美国新闻与世界报道》给出的
大学排名就是这样的一个依据"。各种排名既会受到大
众的轻视，却同时也受到广泛尊重，这个悖论从蒂尔尼
的文章标题就能看出。主标题写道，《每年一次提醒您
停止关注＜美国新闻与世界报道＞发布的大学排名榜》，
副标题断言这些排行榜的"真正目的在于加剧预备学生
和家长的焦虑状态"。

我并不认为灌输毫无用处。我会继续灌输，因为我
坚信大学经历不会因这样而简化，高校价值也不能仅靠
这种形式被评估。尽管如此，我依然担心多数家长和孩
子并不明白《美国新闻与世界报道》的排名方法问题有
多大，也不了解有多少在高等教育系统工作，包括那些
受益于大学排名的人对这个排名有多么不屑一顾。

几乎所有我认识的教育家，无论他们现在是否还从事
教育行业，都曾将《美国新闻与世界报道》的大学排行
榜视为大学狂热症的罪魁祸首，并认为排名高低的评判
标准毫无根据。我听过或见过的最让人心痛的观点来自
于杰佛瑞·布伦泽尔。他曾任耶鲁大学招生办主任一职

长达八年，直到 2013 年。耶鲁大学是一所在各种排名榜上都名列前茅的高校，当然也包括《美国新闻与世界报道》的大学排名。布伦泽尔从耶鲁大学辞职后，曾在学校官方网站上写道，"别误会，大学排名就是利用人们对于考大学的焦虑情绪而赚钱的工具"。

他还说道，毋庸置疑的是，选择大学比买一件家电重要得多。"大学排名的评判方法远不如一个关于真空吸尘器的消费者调查全面而有科学依据。大学排名的另一个问题在于，它们默许主导者，即《美国新闻与世界报道》——一个已经落寞了的、现今却依靠提供大学排名而维持生计的杂志——去施加不适当的影响力。"

随后，他又讲了一位之前在耶鲁大学招生办工作的同事的经历。这位同事从耶鲁大学辞职后，到一所高中担任大学入学辅导员一职。她无数次地看到学生放弃申请之前精心选择的把握较高的高校，而选择了名气较大的高校。布伦泽尔写道："这个新名单通常与《美国新闻与世界报道》的大学排名有关。学生们常常会把那些优质并且适合他们的高校踢出备选名单，就因为这些高校在排名榜上的位置比较靠后，他们会申请一些不太可能录取他们的高校。"

他接着说："高校排名似乎带来了一种简单和明晰，但这种简单和明晰不仅会带来误导，还有负面影响。排名常常会忽略那些可能对申请者很重要的衡量标准，如独特的学术资源、知识及社会环境、宽松的入学门槛、国际交流机会、就业率以及考入研究所和专业院校的机会等。"

国际交流机会并不是《美国新闻与世界报道》的大学排名的标准之一。就业率（公平地说，要定义和测量这一项非常难）以及其他对毕业生日后成就的评估也不是。学生们是否感到学校对他们成为社会人和成年人有帮助？《美国新闻与世界报道》出具的大学排名的衡量标准中，唯一与这一点有些关联的是捐款给学校的校友比例。然而，这个标准很模糊，而且还有其他问题，这一点我在下文中会稍作解释。

但是新生的 SAT 成绩？对《美国新闻与世界报道》的大学排名来说，这一点非常重要。实际上最近几年，新生 SAT 成绩对排名的作用越来越大，以至在 2014年秋季出炉的排名榜上，其影响力占排名衡量标准的8.125%。克莱蒙特麦肯纳学院校长希拉姆·柯多什说："关于测量，爱因斯坦曾说过，人们测量那些比较容易计算的，而常常忽略那些真正有用的。"

《美国新闻与世界报道》的大学排名将高校细分为几类，其中最重要的两类为"全国性综合大学"——这个类别包括州立学校、常春藤盟校及其他有博士点的研究型院校，如加州理工学院、埃默里大学、圣母大学、卡内基梅隆大学和霍华德大学——以及"全国性文理学院"，包括威廉姆斯学院、里德学院、科罗拉多学院等规模较小的高校。除此之外，对其他类别的争议性有增无减。

《美国新闻与世界报道》的大学排名调查表中，有五分之一发放给了各中学的大学入学辅导员及其他院校的校长、院长和招生办主任。但是在进行调查的时候，这些人中的大多数并没有及时更新和深入了解高等教育现状。他们并没有去过所评判的学校的教室，对于大多数在校生和新晋毕业生也了解不多。

凯恩斯学院的招生办主任说："我并不知道如何给西沃恩南方大学打分。"凯恩斯学院每年有三个人会收到《美国新闻与世界报道》的邮件，请他们以一种荒谬而肤浅的方式，为名单上超过百所的高校评分。她就是其中

大学排名"不靠谱"：重点不在于上哪所大学，而在于你有多努力

一位，另外两位分别是校长和教务长。打分人可以在非常好、很好、好、一般、差或"不知道"几个选项所对应的方格中进行标注。这个评分标准意义不大。她以西沃恩南方大学为例说道："我有个好朋友在那所学校当院长，我是否应该给这所学校打高分？是不是应该给凯恩斯学院很好而给其他高校好？这样做对吗？"

最后她说道："我把评分表扔进垃圾桶了。"年年如此。而且她还十分肯定她不是学术界唯一这样做的人。

那些负责给其他院校打分和评估的人，他们的评估标准通常是看学校的名声。而鉴于名声的一个标准是《美国新闻与世界报道》所发布的大学排名，因此这个评估颇有些实现自我预言的意味。简言之，学校排名高是因为以前排名高。

玛瑞林·琼斯是麻省理工学院前任招生办主任，她对我说："简直太幼稚了，我们都是一群小旅鼠。没有最好，没有最好。"

毕业率也是评估标准之一，同为标准之一的还有根据学校生源及经济实力统计的所理想的毕业率和实际毕业率之间的差距。但是在如今这个分数快速贬值的时代，这些标准是否可信？

　　另外一个评估高校的标准是学校给学生的人均投资。但是这些投资花在哪些方面就不可预知了。过去十年中，高校的一个明显趋势为吸引优等生和那些付得起全额学费、能够出资为学校升级健身器材、美化校园公共环境、增加校园便利设施以及扩大非学术方面服务渠道的学生。2013 年年底，马修·西格尔在《财富》杂志网站专栏发表了一篇文章，上面写道，乔治华盛顿大学"花费一亿三千万美元建了一座'超级宿舍'，花费三千三百万美元修建了一间纺织博物馆"。

　　西格尔今年 29 岁，是非营利机构我们的时代（译者注：OurTime.org）的创始人之一，这家机构为美国年轻人提供政策指导服务。他补充道："宾夕法尼亚大学体育馆最近花费了一千万美元进行翻新，增加了包括一个奥运标准的游泳池、男女混合桑拿房、果汁吧、高尔夫模拟场以及攀岩墙等在内的新设施。"西格尔还指出，凯尼恩学院"有一个七千万美元打造的体育中心，标准堪比乡村俱乐部"。

　　投资并不等于学习，也不等于教学。然而《美国新闻与世界报道》的大学排名准则是，教职员工薪水高的得分就高，好似教授工资越高，他们的教学能力就越强。

大学排名"不靠谱"：重点不在于上哪所大学，而在于你有多努力

安东尼·马克斯是艾姆赫斯特学院前任校长，对于《美国新闻与世界报道》的大学排名，他是这样评价的："在我看来，教职工工资与教育质量没有直接联系。"他给出这样的评价并非出于酸葡萄心理：艾姆赫斯特学院排名跟耶鲁大学差不多。他接着说道，"基本上，高排名的推动力在于学校有多少资金、能够投资多少以及能拒绝多少申请者。追求高排名的动机在于提高学费和募集更多捐款，以便能投资更多，并吸引更多申请者，而不是为了提高任何能被测量的教育成果。"

《美国新闻与世界报道》的大学排名最让人困扰的地方在于其对降低高校运营费用的不利影响。为何了解大学排名的行政人员都想看到以下情况出现，即他们所在的学校排名上升、能够吸引更多的申请者、获得更多资金以及学费增长幅度不高，而《美国新闻与世界报道》却奖励那些资金雄厚到无处使用的学校而忽略那些资金匮乏的学校？

《美国新闻与世界报道》评估高校选择率的方式有几种。一所高校的得分，有一部分是由录取率决定的，录取率越低得分越高。其他部分由新生的 SAT 成绩、高考成绩以及班级排名决定。总之，高校越难考进，其价值

就被认定为越高。原因何在？

当然，高校的选择率能够给某些毕业生带来直接的专业优势，因为有的招聘官寻求锁定优秀毕业生的快捷方式，他们认为宾夕法尼亚大学或西北大学已经帮他们认真筛选了学生，而他们也可以将覆盖面缩小到这些学校和其他类似的学校。当然，高分和班级排名高通常意味着聪明和学习努力，这些应该是一个理想的学生所具备的。然而，当一所学生 SAT 成绩排在同年全国前 3% 的学校吹嘘自己生源优秀并寻得《美国新闻与世界报道》的青睐时，难道这些学校的学生真的就比那些生源为排名前 15% 的学生更有魅力或更优秀吗？

当威廉·M.尚恩还是范德堡大学招生办主任时，他曾写道："我一直相信录取率在 30% 以下的学校对于学生来说并不一定是个好的选择。相反地，对测验成绩的要求水涨船高，将会有更多的优秀生被拒之门外。据我所知，没有任何记录显示，这样的低录取率可以给学校质量带来任何提升。学院的改变速度跟不上学校评估标准的变化速度。"

这个评估标准是十年前制定的，当时高校的录取率骤然下跌，这一观点也得到了斯坦福大学化学教授陶德·马丁内斯的共鸣。马丁内斯教授告诉我,在录取率分别为5%、10%或20%的学校之间,区分生源间差别的标准既无任何意义又很主观。他说:"人类能做的就是分类——好的、坏的、中等的。这是由我们有限的区分事物的能力所决定的。当录取率低于30%或20%时,就很难区分了。"

大学选择率几乎不是学校渴求人才的直接代名词。在某些情况下,这是学校为了吸引更多的申请者而自己所做的选择。大学选择率是可以作假和美化的。波莫纳学院前任招生办主任布鲁斯·波什说,《美国新闻与世界报道》每年更新大学排名的时候,也会将刚入校的新生考虑进去,且仅考虑秋季入学的新生。他说,这样做的结果是,有些学校,他并未提及校名,会接收那些得分较低的不计入排名考虑范围的春季入学学生,并使他们推迟报到时间,或者给他们做出可以转入大二班级的保证。

学校还抛出丰厚的奖学金,来吸引那些可以拉高学生平均水平的高分学生,尽管他们这样做的目的不仅仅是考虑《美国新闻与世界报道》的大学排名。不管出于什么动机,这种做法相比几十年前更受欢迎,而且对奖学金发放对象的选择更多地成了锦上添花而非雪中送炭。大学录取与成功研究所 2008 年的一项调查结果显示，2005-2006 学年，高等教育学院中大约 110 亿美元的财政资助中，有 30% 都不是基于需要的经济资助。

来自凯尼恩学院的珍妮弗·德拉亨特说："这样做是错误的、是可恶的，但是如果你不这样做，后果自负。我很幸运。同行都很羡慕我。从没有任何一位学校的理事说过，'要提高录取学生的 SAT 成绩。'但是实际情况是，测评我的标准就是这些。如果学生的测验分数下降了，就该有人倒霉了。"

芝加哥大学前招生办主任泰德·奥尼尔说，学校关注的不仅是他们的学生有多么优秀。《美国新闻与世界报道》青睐那些实行小班教学的学校，因此，行政人员会努力将类似的研讨会和讨论课安排在"《美国新闻与世界报道》所关注的秋季学期"。《美国新闻与世界报道》同样在意校友的慷慨程度——特别是，像我之前提到的，捐款的校友比例——而这个衡量标准同样也很不可靠：只要召开一个募集筹款活动，并强调全员参与的重要性以及捐款 1 美元与 100 美元同样可贵即可。奥尼尔说："慷慨解囊的校友有很多。"

对于《美国新闻与世界报道》的大学排名，他的看法并不比其他跟我交流过的学者宽容。他说："这些排名似乎暗示着大学质量可以有一种科学的评价方式，而且他们所评价的根本不是教学质量。这是一种错觉，他们是在给高校的实力做评估。"

如果没有《美国新闻与世界报道》大学排名的出现，也许很难，甚至不可能将高等教育界的人与大学入学狂热现象紧密联系起来。果真，在我不久之后与康多莉扎·赖斯的谈话中，她便提及了这一点。

当时她在斯坦福大学教书，并担任院长一职。之后，她便进入乔治·W.布什政府任职，先后担任国家安全顾问及国务卿。她对斯坦福大学的排名并无不满：在《美国新闻与世界报道》2014年9月发布的大学排名中，斯坦福大学与哥伦比亚大学并列全国型综合大学类别第四名，仅次于分列前三的普林斯顿大学、哈佛大学和耶鲁大学。

"我觉得斯坦福大学出色得令人难以置信。"她对我说，声音中充满着热情与智慧。"但是还有其他值得去的好学校：风格不同的大规模国立大学、研究型大学、小型文科院校，具有吸引周边生源特点的优质地方院校。"

赖斯认为，《美国新闻与世界报道》的大学排名及其所受到的关注程度，其中一个主要问题在于耶鲁大学的杰佛瑞·布伦泽尔所提到的与大学就业辅导员有关的一种现象，即这些排名毫无必要地将学生可选择的大学范围缩小了。这些高校排名不关心大学的数量及多样性，并暗示某些学校对每个学生来说都是更好的选择。但实际上，这些学校可能更适合具有某一类特性的学生。她说："我觉得，我们太早地局限了学生的选择空间。"当然，少数学生会受到《美国新闻与世界报道》的大学排名的启发而选择赖斯的母校，即在 2014 年秋季全国性综合大学排名中排在第八十八位的丹佛大学，这所高校自从成为赖斯的母校后便进入公众视野。

赖斯当初申请这所大学有两个原因，一是离家近，二是她的父亲是这所大学的教职工，这就意味着她可以获得学费减免。1968 年，赖斯的父亲约翰·赖斯因接受丹佛大学招生班主任助理一职，带着她和她的妈妈，举家从阿拉巴马州搬到科罗拉多州。这个工作以后会有升职空间。他给女儿注册了一所天主教女子私立学校，这所学校的学生今后都是上大学的苗子，尽管赖斯告诉我，只有很少一部分同学将目标锁定在常春藤盟校或其他州的大学。她父母的意思是让她在丹佛大学和科罗拉多学院之间二选一。

大概是因为她和迪克·帕森斯一样都跳过级,开始大学生涯的年龄才 15 岁,比大部分同学要小,所以,她的父母还不希望她离家太远,这一点无可厚非。在丹佛大学就读的第一年,她住在家里。最开始,她在丹佛大学拉蒙特音乐学院主修钢琴,她从小就学习钢琴,常被称为钢琴神童。

在丹佛大学读书时,她意识到自己并不是神童。她很优秀,但并不杰出,或者算得上杰出,但还不够杰出。因此,在学了两年之后,她转向其他领域。她简单尝试了一下英语,但是感觉不太好。后来,她接触到了她喜欢的专业。正如我在《泰晤士报》的同事伊丽莎白·巴米勒所著的《康多莉扎·赖斯的美国生活》一书中写道,"1973 年春天,赖斯偶然听了一门名为'国际政治导论'的课程"。这门课的讲师约瑟夫·科贝尔是一位 63 岁的捷克难民,他是丹佛大学的元老,并创建了丹佛大学国际研究学院。科贝尔刚好是马德琳·奥尔布赖特的父亲,而后者则极有可能成为美国仅有的两名女性国务卿中的第二位,这也堪称现代美国外交史上的一个惊人巧合和错综关系。"（巴米勒的著作发表于希拉里·克林顿出任国务卿之前。）

巴米勒写道："对于赖斯来说，和奥尔布赖特一样，科贝尔给其人生带来了深远影响。在遇见科贝尔之前，赖斯对外交政策丝毫不感兴趣……但是，当科贝尔给她和同学们讲斯大林时，她'陷入了情网'——这个说法她几乎每次受访都会用到，用以形容她人生中那一刻的感想。"

在与赖斯交谈的时候，即便多年来接受过很多次采访，她依然惊叹于当年人生轨迹的偶然转变，这一点也是她对向她请教的斯坦福大学的青年男女们反复强调的。她对我说："我的学生来问我，'怎么才能像你一样？'意思是他们也想当国务卿。我对他们说，'你们可以从一个失败的钢琴专业学生做起。'他们哑口无言。但是，我想让他们明白，他们还有时间去了解如何把自己喜欢的专业和自己擅长的专业巧妙结合。而花时间去做好这件事是很重要的。"赖斯说道，高校招生如果将重心放在选择率和白热化竞争上，就会忽略这件事，而只会鼓励井井有条的计划和盲目从众的行为。

赖斯还说，学生对大学生活的投入程度以及他们的

第四章

大学排名"不靠谱"：重点不在于上哪所大学，而在于你有多努力

需求和获得的回报是很重要的，然而，这一点通常会被忽略。伟大的教育不是被动体验而是主动体验。在丹佛大学读书时，她参与到学生会工作，还曾短暂地在校刊兼过职，尽管她很快意识到新闻工作并不适合她。曾有一段时间，她管理校演讲团：这使得她有很多机会与来学校访问的杰出人士会面和接触，并保持对时下新闻的关注度。她记得当时发生了一件事，使她感觉到自己在创造历史（之后她会习惯这种情形）。鲍伯·伍德沃德是《华盛顿邮报》的一名记者，水门事件就是他率先披露的。原本他是要到丹佛大学稍作停留的，但就在访问前夕，赖斯回忆道："我接到一个慌慌张张的电话，说此次访问取消。他们说，'出了些事'。当时是 1974 年，是录音带的问题。"她指的是 1974 年公布于众的尼克松总统在白宫偷录的交谈记录音频的文字版本。赖斯告诉我："我必须尽快将伍德沃德取消行程的消息通知大家并安排退票和退款，这种组织经验和能力在班上是学不到的。"

不过，她说，在班上，"我很积极，也很坚持地想要了解每位教职员工。我总是第一个在办公时间预约第一周课的学生。之后，我便了解到自己是多么想要与他们

交流，多么想充分利用这些交流机会。

"我对学生们讲：如果你们在上一门课的时候，发现对一位教师很感兴趣，那么就去读一些他／她写的文章，然后去拜访他／她。教师们是爱慕虚荣的，他们会很喜欢你们的拜访，然后他们就能记住你们。无论你在哪所大学，这都是放之四海而皆准的道理。我的朋友中，有在圣地亚哥州立大学教书的，也有在汉密尔顿学院教书的。总体来说，展现出主动性并成功吸引老师注意的学生会获得更多的关注。"

她还补充道："几乎每所高校都有充满活力和精力的教员。我在丹佛大学发现了约瑟夫·科贝尔，我的命运就此改变。"尽管已经在圣母大学获得政治学硕士学位，她依然回到丹佛大学做了科贝尔的博士生。这个决定和大学排名或名声等级无关，而只与她通过自己的主动性建立的一种关系有关，也与适合自己的规划有关。我问赖斯，如今的学生对考入斯坦福这样的寄予很大希望并付出加倍的努力，她在斯坦福大学的经历是否给她提供了一个看待这件事的视角。她回答说，她在这方面的认知来源于与朋友的孩子聊天。（赖斯自己没有小孩）她回想起最近与一位好友的儿子的交谈。"我问他，'你会不会考虑申请斯坦福大学？你想到哪里上学？'他回答说，'我肯定考不进去。'结果就是，最近五年他都在默数他毕业的高中有谁考进了斯坦福大学。"

赖斯说："对我来说，这种变化太极端了。"

《美国新闻与世界报道》的大学排名并不是唯一的骗局。近年来，由薪资调查（译者注：PayScale）发布的年度"毕业生薪酬调查报告"获得越来越多的关注。这个网站将学校按照其毕业生的"中期工资中位数"进行排名。那些未来的富豪们会牢记在心：这些学校应该会将公司收益潜力最大化，重点是"应该会"这个形容词。

一开始，薪资调查并不是从各类高校中随机挑选校友进行研究的。其所做的不像皮尤研究中心、盖洛普咨询公司或昆尼皮亚克大学所做的科学调研，取而代之的是，这家网站要求访客在线填写问卷调查，询问他们的毕业院校和目前的工作状态。这些信息成为招聘者和求职者了解各行业中不同职位的工资水平的依据。

因此，薪资调查的调研完全依赖于刚好访问其网站的人员，故其并不能作为大学毕业生横向分析的依据。这些参与调查的人是更关注工资的人，他们所从事的专业也以赚钱为核心。对某些高校来说，薪资调查有几千份完整的调查问卷；而对其他一些高校，调查问卷的数据统计则略显不可靠。

从一定程度上来讲，调查结果依赖于填写问卷的人的诚实度。对某所高校的调查结果与教学质量和高校生活丰富程度关系较小，而与该高校的热门专业和毕业生通常的职业发展轨迹以及因此而吸引的学生类型关系较大。于是，专业方向为工程学的高校以及那些输送大量学生到华尔街的高校就与薪资调查的排名无缘了。

虽然薪资调查的调研所汇集的信息有缺陷，但"福布斯"的年度排行榜依然会用这些数据，即将收入情况连同其他因素一起作为排名的依据，其中也包括学生在自愿的原则下对老师的评价，这个评价是在一个完全不科学的名为给教授打分的网站（译者注：RateMyProfessors.com）上完成的。同样使用薪资调查的调研数据的还有 2014 年加入大学排名大军的《财经》杂志。在其发布的大学排名榜单中，评价标准结合了某高校毕业生收入以及该校的"质量"和"费用标准"。

《财经》杂志对高校质量的评价变量——SAT 成绩和毕业率——与《美国新闻与世界报道》的相同，因此也同样具有争议。但考虑到费用标准,《财经》杂志所关注的并不仅仅是学费,还有提供给学生的助学金和学生的毕业年限,因此,从某种意义上来说,《财经》杂志比《美国新闻与世界报道》杂志和薪资调查网站都要完善。《财经》杂志同样还保证了调查结果的原始性,因此也获得了一些新闻媒体的关注。在其出具的榜单中,哈佛大学、普林斯顿大学、斯坦福大学和麻省理工学院不出意外地出现在前十名中。然而让人意想不到的是巴布森学院(第一名)、韦伯学院(第二名)、库伯联盟学院(第八名)以及杨百翰学院(第九名)也出现在榜单前十名中。

《财经》杂志、福布斯、薪资调查以及《美国新闻与世界报道》的排名如此令人心灰意懒的原因在于,还有各种类型的排名和多种测量方法未被重视,而且,在某些情况下,对于相关信息的互通有无也并未得到重视。例如,读者们可以看看培养富布莱特奖学金获得者最多的是哪所高校,2013 年 10 月,《高等教育纪事报》就做了这样一个统计。该报发现,在规模较小的高校中,排名前十位的分别是培泽学院、史密斯学院、欧柏林学院、波莫纳学院、圣十字学院、威廉姆斯学院、西方学院、瓦瑟学院、贝茨学院以及鲍登学院。其中仅有三所高校——威廉姆斯学院、鲍登学院及波莫纳学院——名列 2014 年秋季《美国新闻与世界报道》所发布的全国文理学院排名的前十位。

被富布莱特基金分类为"博士点／研究性大学"，即与《美国新闻与世界报道》中"国立大学"一类相对应的高校中，获得富布莱特奖学金学生人数前十名的高校有密歇根大学（第二名）、亚利桑那州立大学（第三名）、罗格斯大学（第五名）以及得克萨斯大学（第七名）。这些公立学校中，只有密歇根大学出现在《美国新闻与世界报道》所发布的国立大学排名前五十名。但是上述所有高校都出现在富布莱特基金所发布的大学排行榜上，并且排在耶鲁大学、哥伦比亚大学、康奈尔大学、杜克大学和斯坦福大学之前。斯坦福大学和俄亥俄州立大学排名相同，尽管有更多斯坦福大学的学生申请富布莱特奖学金。

为什么不将各高校有过海外学习经历的学生数量考虑进来？这些学生带着新故事和新观点返回校园，必定会丰富整个学生群体，而且海外留学的流行程度也反映了学校对学生的一种信号和学生的学习热忱。实际上，《美国新闻与世界报道》的大学排名调查纳入了这个数据，但却没有使用它作为排名依据。

以我一己之见，至少根据 2014 年秋季《美国新闻与世界报道》所提供的数据显示，十所在大学期间有海外学习经历的学生人数最多的高校分别为戈切尔学院、创价大学、托马斯莫尔文理学院、森特学院、高盛学院、卡拉马祖学院、培泽学院、萨斯克汉那大学、卡尔顿学院和依隆大学。除此之外，还有十二所其他高校所提供的海外留学机会比常春藤盟校多。

全球大学评估由几个组织完成，关注点在于各高校毕业生的质量，衡量标准为获奖情况、发表文章情况和所获专利情况。美国有些高校在榜单上的表现比某些美国学生所认为的要亮眼很多。这些学生的目光锁定在像加州大学圣地亚哥分校、加州大学旧金山分校、威斯康星大学麦迪逊分校、华盛顿大学以及伊利诺伊大学这样的学校身上。

这些表现亮眼的高校在《美国新闻与世界报道》的大学排名中并不靠前，部分原因在于这些学校规模较小，而且生源水平差距较大。这些学校在选择生源时没那么高的要求。但是在全球大学排名中清晰可见的是，并不缺乏一流学者在这些学校里得偿所愿甚至有更多收获。

但是，这些一流学者周围不是类似斯坦福大学这样的高校筛选过程的幸存者，这也算是个不足吗？高校选择生源要求很高，随之而来的就是千篇一律。有一种观点是，大学不应使学生偏离真实社会，而是应该将学生充分暴露于真实社会中，并让他们接触到与居住环境截然相反的地方和与周围完全不同的人。《美国新闻与世界报道》、薪资调查或其他评估组织的评价准则中，没有一条是关于这个观点的。当然，也没有任何一种调研可以做到，因为同一所学校对于来自不同背景的学生来说，可能是彼之敝草，我之珍宝。

几十年前，经《美国新闻与世界报道》大学排名曾经的负责人简单总结得出，排名的参考度有限且并不可靠。这个人名叫鲍伯·摩斯，2014 年 9 月，他曾接受《华盛顿邮报》的采访。采访中，他欣喜地发现他所给出的大学排名就好比"高等教育界的一只八百磅重的大猩猩"，同时，他还分享了自己对高校声望和学生未来发展之间关系的看法。

他谈道，"重点不在于你上哪所大学，而在于你有多努力。"摩斯本科毕业于辛辛那提大学，之后在密歇根州立大学获得工商管理硕士学位。

Chapter 5
Beyond the Comfort Zone

第五章

**别沉溺于"舒适区"：新的
环境，是一场华丽的冒险，
是一个更大的平台**

"保持好奇。不要将自己置身于熟悉的舒适区。我相信，如果我当初选择了一所东海岸学校，那么我周围很有可能都是跟我一起长大或住在我家附近的同龄人，这样一来，在走出校园之际，我便不会具备现在所拥有的自信和自我了解。"

——霍华德·舒尔茨
星巴克主席兼总裁，1975 年毕业于北密歇根大学从十年级到十二年级，我都是在位于康涅狄格州哈福特市郊区的私立中学卢米斯查菲高中度过的。在这之前，我们兄弟姐妹一直都是在公立学校读书。但是，随着大学申请越来越近，我们的父母越来越焦虑，担心他们没有给我们提供申请到好大学的机会。卢米斯查菲高中本应给予我们帮助。该校的大多数学生来自小康家庭，他们把目标定在东北部几十所精英私立大学中的其中一所。这些大学尽管诚挚地期望有一个多样化的学生群体，然而就像我所在的私立高中一样，这些学校的学生比例很不协调。这些学生在大学所经历的，是一个更大的平台和更紧张的学习，而不是一个陌生的环境。大学就是升级版和扩展版的中学。

　　最开始，大学对我的意义也是一样的。在我家附近，东北部区域的精英大学是最常被提及也最受赞美的学校，这些学校是我们的目标。而当我哥哥从卢米斯查菲高中考入艾姆赫斯特学院时，我的父母欣喜若狂。第二年，当我成功地被耶鲁大学提前录取后，我的父母同样异常兴奋。在我接到耶鲁大学的录取通知前，我曾被提名并获得莫尔黑德奖学金。这个奖学金由一个附属于北卡罗莱纳大学教堂山分校的基金会提供，目的在于通过为学生提供学费、安排学生参加特别的研讨会，甚至为学生的暑期实习和野外拓展提供资金支持，来吸引那些青睐私立学校的学生选择教堂山分校。

我对耶鲁大学情有独钟，部分原因在于它一直是我在卢米斯查菲高中努力读书的动力，是我所投资的精力的回报和检验。我父母有足够的资金实力负担我的学费和食宿，四年大约六万美元（因通货膨胀进行调整，约合现在的十三万美元）。但是，他们也没有富裕到完全不在乎这笔钱。他们反复地跟我强调，不要再记着帮我出钱这件事，而且他们很坚持。其实我是有一些拒绝的，我不想成为忘恩负义的人。

我从没想过申请卡罗莱纳大学。但是当我仔细地研究时，发现这所学校享有盛名，并且有很多优秀的教授和优质的院系。我还发现：对于我和其他跟我情况相似的学生来说，基于该校地址和我的出生地来看，这所学校可能是个更大的挑战。我的童年是在纽约州及康涅狄格州郊区的小康社区度过的。如果不把一次弗吉尼亚州和两次佛罗里达州的旅行经历计算在内，南方对我来说完全是陌生的。教堂山分校85%的学生都来自北卡罗莱纳州，这也就意味着，其形象、氛围和口音和卢米斯查菲高中——或耶鲁大学——有很大差别，对我来说是一个全新的所在。在短期内或是刚开学的时候，教堂山分校很可能会让我感到很不舒服。我开始有些担心，但也同时相信我的担心将是我决定去该校的原因。

于是，我去了北卡罗莱纳大学教堂山分校。这个选择是否正确？如果选择了另外一所风格迥异的大学，我是否会成为一个知识更渊博、幸福感更强、更有人格魅力的人？这个问题没有答案。对于没选择的那条路，除了猜测和假设我们什么也做不了，所以，去评价那条未选择的路毫无意义。

我可以告诉读者们，我有许多遗憾，包括因为不想让自己负担过重而放弃的课程；因为与肥皂剧《我的孩子们》时间相冲而放弃的课程；因为不想8点前起床而放弃的课程；因为可以借抄朋友笔记而逃掉的讲座；没能把握住的国外学习机会；没有逼迫自己去见的人；没有敞开胸怀接受或友好对待的人；因为还没准备好像对方尊重我一样尊重对方而果断提出分手的恋爱关系；吃了太多的炸鸡饼干；吃了太多的鸡蛋奶酪饼干；曾得过一段时间的贪食症；花太长时间照镜子；花太少时间在提高意大利语水平上；太常沉溺于新爱好——波旁威士忌，以及在拿到潜水证后只潜过一次水。我希望时光倒流，让我改变这一切。我还会将未能读完的小说《米德尔马契》《美国悲剧》和《贝奥武夫》读完。我又仔细想了一下，决定还是放弃《贝奥武夫》好了。

但是教堂山分校？我绝对不后悔在这里读书。在这所高校我学到了，汉堡可以搭配蓝芝士，这种搭配对我来说就像初吻一样新奇。在这里，春秋两季的天空蓝最柔和、最珍贵、最完美。我需要这种慰藉，因为最开始，我确实很不适应，但是我也了解到，这种不适应是可以忍受的，而且还可以巧妙地应对，并变石为金。我心目中的自己很反传统，也很特立独行。若时光能倒流，我会好好利用时间，读书，读书，读书，即便有些书目并不是课上要求完成的任务。

我是英语专业的，我们系的教授都非常优秀。其中

第五章

别沉溺于"舒适区"：新的环境，是一场华丽的冒险，是一个更大的平台

一位专攻 20 世纪英国及美国戏剧的教授邀请我参加过两次研究生研讨会，在这两次研讨会中，我沉浸在塞缪尔·贝克特、哈罗德·品特、汤姆·斯托帕德、爱德华·阿尔比和山姆·夏普德的作品中。学校校报也是野心勃勃，当我顺利进入校报工作，发现这个团队很有坚持不懈的精神。在学校校报和其他地方，我都能感觉到，我是处在一群不像卢米斯查菲高中的同学那么想当然的同学中。原因在于，我们都长大了几岁，没以前那么鲁莽和单纯了。还有一个原因，即北卡罗莱纳大学教堂山分校内的州内学生普遍经济条件不如我就读的预备学校同学好。

我弟弟哈利最后被达特茅斯学院录取，我妹妹阿黛尔是我们兄妹四人中最小的，她被普林斯顿大学录取。马克、哈利和阿黛尔在大学时期最好的朋友的家都在加勒比群岛或是北美最美丽的山坡上有房子，并且有一个财政安全网支持他们去做如追星——追随感恩而死乐队一整个暑假——这样的事情。我大学时期的几个好友在校外做兼职，以用来勤工俭学或是在父母并不大手笔的情况下赚些零用钱。并不是说，北卡罗莱纳大学教堂山分校有这样的特质，即使有，也作用不大。但是，该校似乎比我兄弟姐妹的学校更接地气，使我收获了一种当

时和现在都觉得很珍贵的想法。

我最后的确在一所常春藤盟校学习过一阵，我曾在哥伦比亚大学学习新闻学硕士课程，共九个月。我承认，哥伦比亚大学的名字是诱因之一，在那里，我的一位老师帮我联系了我的第一份全职工作，是在《纽约邮报》。但是，因为有一个为期四周的试用期，所以《纽约邮报》正式聘用我是在四周后。成功进入《纽约邮报》，与我在哥大所上的课程关系不大，而与我在北卡罗莱纳大学教堂山分校校报兼职时的写作经历有很大关系。而且，这些聘用我的人没有一个问过或提到过哥伦比亚大学——或是，北卡罗莱纳大学教堂山分校。

在我为写本书而采访过的年轻男女中，有几个耶鲁大学校友，其中一位是 2009 年毕业的丽贝卡·法布罗。她来自一个富裕的纽约郊区城市埃奇蒙特，该地与斯卡斯代尔市的邮编相同。她所在高中的大学升学顾问很有经验，鼓励她提高成绩单上的物理和计算机科学成绩，并告诉她，这两门成绩优秀的女生会脱颖而出。

丽贝卡说，对于申请耶鲁大学，她犹豫的地方在于不知道那里有多少像她一样的学生，也就是说，他们的耶鲁之路是否也像她一样因为成长在一个富裕或相对富裕的家庭而一帆风顺。这种犹豫随着时间推移而越加严重，部分原因在于丽贝卡从耶鲁大学毕业后，正值 1967 年一项徒步走到华盛顿的活动"骡火车"开始，这个活动的目的在于抗议贫穷，许多美国黑人加入到这个活动当中。当时，她加入到美丽美国，并在密西西比州马克市的一所公立学校工作过两年。丽贝卡说，当她的一个七年级学生听说她毕业于耶鲁大学时，问她："噢，你很有钱吗？"

丽贝卡告诉我，2013 年秋天，她曾收到耶鲁大学校长的一封邮件，论及关于刚刚开始大学生涯的 2017 届学生的事。邮件中，校长赞扬了学生背景的多样性，并骄傲地表示："大约一半学生来自公立学校。"这样的自夸一直萦绕在丽贝卡的脑海，因为她越想越觉得奇怪和不值得炫耀。在我们聊完之后，她在一封长邮件中写道："鉴于美国大多数学生（将近 90%）都会上公立学校，耶鲁大学一个班上超过 50% 的新生来自公立学校是学生多样性的象征并值得庆祝这件事让我觉得很吃惊（特别是那些考入公立学校的学生一般毕业于埃奇蒙特中学或斯卡斯代尔中学这样的资金雄厚的学校）。"

恰好，耶鲁大学在网上发布了关于上面说到的那个班级的一些信息，我查阅了一下，发现班上来自公立学校的学生比例为 57.6%。同时，我还了解到，2017 届的那个班上，13.8% 的学生与大学有着某种关联，而这种情形很难对学生多样性有所帮助。

丽贝卡说，她研究过一些耶鲁大学以往发给她的资料，并且自己也做过其他研究，她发现，耶鲁大学 52%的学生多多少少获得过助学金，学校也为这个数字感到很自豪。但是，她在邮件中写道："我所关注的是，耶鲁大学 48% 的学生并没有助学金。因为年收入在零美元至二十万美元之间的所有家庭都有资格获得助学金，而'许多年收入超过二十万美元的家庭也收到或多或少的助学金'，也就是说（除非我将统计数据读错），得到耶鲁大学录取通知书的学生中，有将近一半来自年收入超过二十万美元的家庭。所以，耶鲁大学 50% 的学生来自于全国经济实力排名前 5% 的家庭。"

她的解析让我想起了 2014 年 4 月发表在《泰晤士报》上的一篇哈佛校友伊凡·曼德瑞所写的文章。他也同样受到精英学校学生背景社会经济多样性不足的现象所困扰。曼德瑞写道："家庭年收入要在大约三十九万美元才能成为收入排名前 1% 的美国家庭。但据哈佛校报对

别沉溺于"舒适区"：新的环境，是一场华丽的冒险，是一个更大的平台

今年大一新生的统计，参与调查的学生当中，有 14% 的学生家庭收入在 50 万美元以上。还有 15% 的学生来自年收入超过 25 万美元的家庭，仅有 20% 的学生家庭年收入不到 6.5 万美元。对于来自年收入 6.5 万美元以下家庭的学生，哈佛大学免收学费。这个收入水平仅仅在美国家庭收入平均水平之上。至少从总体来看，哈佛大学的学生中，来自家庭收入前 1% 的学生和后 50% 的学生数量一样多。"

丽贝卡对公正和公平的存疑并不是她关注上述数据的唯一原因，她同样在思考一所满是富裕家庭孩子的学校的教育意义。她写道："在一个多样化的环境中，我所学到的东西绝对比在其他环境中多。"

她补充道，"选择大学时，我关注的是学校的声望。我的同学中，聪明优秀的都考入了在《美国新闻与世界报道》的大学排名中排名靠前的或是在《泰晤士报》网页上重点推荐的高校。我也想像他们一样，我也希望父母以我为傲。"

"但是"，她写道，"我对与我成长环境不同的外面世界毫不了解。而且，我的大多数高中同学并没有到学生社会经济背景多样化的高校念书。"

他们原本可以将高校的选择范围扩大，也可以查阅其他大学排名。例如，《华盛顿月刊》也发布大学排名，其关注点放在高校"对公益的贡献"，因为这一点很少有人重视。这些其他类型的大学排名试图评估高校对社会阶层流动性的责任。这些排名的做法是——我承认这样的方式有些不完美——查看录取学生中家庭条件较差的学生比例，以及他们当中成功获得毕业证的学生比例。这些排名同样给这样的学校加分，即有学生做社区服务或参与到和平护卫队或预备役军官训练营的。

通过这些评估方式，2014 年秋季国立大学排名前十的学校分别为加州大学圣地亚哥分校、加州大学河滨分校、加州大学伯克利分校、德州农工大学、加州大学洛杉矶分校、斯坦福大学、华盛顿大学、得克萨斯大学埃尔帕索分校、凯斯西储大学以及哈佛大学。文理学院排名前十的学校分别为布尔茅尔学院、卡尔顿学院、伯利尔学院、斯沃斯莫尔学院、哈维姆德学院、里德学院、马卡莱斯特学院、新佛罗里达学院、威廉姆斯学院以及欧柏林学院。不用说，这个阵容与《美国新闻与世界报道》所给出的排名大相径庭。

我还发现，新闻媒体对一个现象越来越关注，即有多少高校给予（或未给予）来自贫困及中产阶级家庭的学生认同、录取和留校雇用。这是对美国家庭收入不均等的关注度增加的产物，是明确而值得赞赏的。按照这个逻辑，《泰晤士报》进行统计并与 2014 年 9 月发布了大学入学指数，并根据学校学生够资格获得联邦佩尔助学金的比例——这项助学金专门提供给来自低收入家庭的学生——以及来自非小康家庭学生所支付的实际学费情况，对高校进行评估和排名。《泰晤士报》仅关注"顶尖高校"，即被该报定义为本科毕业率至少在 75% 的高校。在这个入学指数排名榜中名列前茅的高校分别是瓦瑟学院、格林内尔学院、北卡罗莱纳州大学教堂山分校、史密斯学院以及竟与艾姆赫斯特学院并列第五名的哈佛大学。

更有趣的是学校与学校之间的差别。根据该指数显示，华盛顿大学圣路易斯分校的学生经济背景多样性比波莫纳学院差很多，而名列《美国新闻与世界报道》2013 年至 2014 年度国立大学排名第一名的普林斯顿大学在学生经济背景多样性方面则远远落后于哈佛大学和哥伦比亚大学。耶鲁大学输给普林斯顿大学，维克森林大学和乔治华盛顿大学的表现差强人意。

我不知道有多少未来的大学生关注这种信息，也不知道是否会有少数人去查阅这些信息。他们应该这样做，我这样说并不是出于对多样性这个概念的政治角度或是人文关怀，尽管多样性确实对这些有帮助。我这样说是因为一个多样化的校园将会成为现实混乱生活的写照，而不是你出生时所在的隐蔽角落的表象。

瓦瑟学院的校长凯瑟琳·邦德·希尔解释了她渴望吸收和录取来自低收入家庭的学生以及拥有一个多样化学生群体的原因，这个原因是这不仅对想要爬上社会阶梯的孩子有帮助，而且对学校中的每个孩子都有益处，同时也是教育的最终目标。她对我说："如果我们的学生想要在将来对社会福祉做出贡献，那么他们需要明白如何应对多样性，而大学校园是了解多样性的很完美也很重要的地方。"

考入多样化大学的小康家庭学生也许更能"明白其他美国人的生长环境与他们不同，然后便会思考这是否是一个公平的社会"，凯瑟琳这样说道。无论他们得出什么样的结论，这个问题都是值得深思的。她说，即便是野心家，对于校园多样化程度也是有不同看法的。"我认为，无论你今后从事什么工作——当律师、医生或是老师，你都需要与和中学时期的同学完全不同的人打交道，理解这一点会使你在前进的道路上更加成功。"

这些人无疑会拓宽你的知识面。也许他们会对你进行考验，也许他们会挑战你的极限。如果情况如此，那么对你来说是件好事。

霍华德·舒尔茨就是这样认为的。

他所在的中学多样化程度并不强，而且他也没有去确认同学中是否有穷人家的孩子：他就是穷人家的孩子。但是他所考入的大学与他的高中完全不同，他在大学所经历的也与之前不一样，至少在一开始的时候完全不同。这一点使他感到不安和迷茫。他说，这一点或许是最好的礼物。

星巴克公司主席及总裁舒尔茨在回忆起 1970 年年初他到北密歇根大学的经历时说道："有一个来自布鲁克林的犹太男孩来到密歇根上半岛。我是宿舍里唯一一个犹太孩子。我记得经常能听到这样的话，'我从没见过犹太人'。"他在叙述时，语调中并没有难过或惊讶。这对他来说很兴奋、很高兴甚至很感恩。他经常开玩笑说，如果他进了常春藤盟校，可能现在会是个人物，当然，他自己并不相信这一点。他说，北密歇根大学让他受益匪浅，受益的方式很难衡量，而且无法将其归类。

对他来说，上大学是件令人兴奋的大事，因为他的父母受教育程度并没有达到这么高。在成长的过程中，他的父亲换过很多工作，这些工作他并不喜欢做而且薪水很低，如他曾经开卡车运送尿布，其味道是每天最难以忍受的事。舒尔茨一家五口——他还有一个妹妹和一个弟弟——靠着父亲打工维持生计。舒尔茨记得有一次，妈妈让他接电话，然后谎称爸妈不在家，他的父母是在躲收账员。

他们希望给舒尔茨和弟弟、妹妹提供更好的环境。舒尔茨对我说："我妈妈反复教导我们，无论有什么困难，都要考上大学。"大学是走出困境的出路和提高社会地位的梯子。但是，他很少和家人或卡纳西高中的同学聊到申请大学的事，而且他也不确定是否能负担得起学费。后来，一名招募橄榄球运动员的教练来到舒尔茨所在的学校，在看到舒尔茨在一场比赛中当四分卫时的表现后，便询问他是否愿意到北密歇根大学读书，并承诺可以给他提供奖学金。他说愿意的时候松了一口气，然后满怀信心地踏上大学之路。在舒尔茨的自传《将心注入》中，他写道，高中最后一个学期，他曾和家人一起公路旅行，

别沉溺于"舒适区"：新的环境，是一场华丽的冒险，是一个更大的平台

到密歇根州的马凯特市参观校园，那是他第一次到纽约州之外的地方。

他在北密歇根大学时主修传播学，并加入了兄弟会。最后，他并没有打橄榄球，至少没有打很长时间。奖学金没有了，所以他必须贷款并兼职赚钱。他找了个酒吧的兼职工作。有时，他会去卖血赚钱。他学习很努力，并保持平均成绩为 B，但是他无法再做到更好。他说，自己毕业的时候是他母亲一生中最高兴的时刻——但是母亲并没来参加他的毕业典礼，因为这一趟所需要的费用超过他们的预算。

最后他说，大学最重要的是他在那里"长大成人"，对离布鲁克林很遥远的地方有了一些了解，并且被迫自食其力。这种经历和帕森斯很像，并且同样提醒着我们，大学经历的意义对那些父母不能经常探望和提供财政支持的学生来说有本质上的不同。这种不同通常被等同于不利因素，这个被等同的过程或许还需要再加以验证。毫无疑问，不同是一种负担，是大多数父母不想为孩子选择的，也是大多数孩子不想要自愿尝试的。但最终，它以某种有益的方式使孩子成长，这个过程也是孩子培养坚定信念的过程。

舒尔茨说，至少他从成功选择高校这件事上收获了一项特别的长处，即自我调节能力。他说："我自小在农田里长大，而我的大学同学都来自中西部地区，如密歇根州、俄亥俄州、伊利诺伊州等。"所以对于同学们来说，舒尔茨是异类，反过来也一样。"无论是在课堂内还是课堂外，如果你置身于一群有着不同背景的年轻人当中，这种经历在我看来会为你今后的发展加分不少，"舒尔茨说，"我并不是说这种经历在顶尖大学不存在，但是，如果你进入一所名不见经传的公立大学就读，在课堂外的经历会是一种不一样的教育。"

听了舒尔茨一席话，我更渴望通过清晰而持续的全国范围对话，了解大学生们，特别是那些顶尖高校的学生是如何经历高等教育的这些年，以及他们从人生的这一篇章中获得了什么。这种渴望的原因主要在于，高校有潜力去面对和挑战现代社会中最麻烦的政治和社会问题，并对这些问题施以先发制人的重击，也有潜力成为展现不同的、更优化的生活方式的集结地。

我们生活的国家分化严重，有明显的部落主义特征和对社会不利的两极分化现象。我们所生活的互联网时

别沉溺于"舒适区"：新的环境，是一场华丽的冒险，是一个更大的平台

代对人的直觉有影响：在开启一个邀人探索的无限信息空间的同时，它也使人停滞不前，因为人们会将迎合个人兴趣（和感兴趣话题）的网页贴上标签，并习惯去翻阅社会化媒体，以使自己做出更肯定的判断，并提出更有说服力的观点。

正如凯瑟琳·邦德·希尔所说，大学的确是个将上述现状打破、搜寻新面孔及弱化差异的"完美场所"。对许多学生来说，大学并不仅仅是一个比高中人数更多的环境，更是一个有多个方向可供选择的场所。大学给他们提供了更多日常活动之外的其他活动，他们也可以更好地利用时间去完善尚未定型的自己。

然而，太多孩子进入大学之后试图改变这个场所，从而使大学生活变得越舒服越好、越熟悉越好。他们在上大学之前有相处融洽的朋友，上大学后，他们找类似的人做朋友并建立友谊。他们与之前高中的小团体一起，成群结队地进入社团。至于建立"关系网"，他们会与那些与他们有着同样抱负的人为伍。一旦这样做，他们便会习惯性地默认小团体的存在，这种惯性很容易成为一辈子的习惯。

如果你有时间观察大学校园，你就会注意到这一点。

那么你就会明白，为何我有一个乌托邦式的幻想，即新生可以在入学接待周得到以下指令和建议：打开笔记本电脑，删除电脑中四分之一的收藏夹书签，用完全不同甚至相反的内容替代；登录推特、脸书、美图分享（译者注：Instagram）、汤博乐等社交网站，关注或联系那些与自己观点背道而驰的出版物、博客及人物，并参加相关社交活动；不要仅参与校内篮球赛或校园戏剧，要积极游走在校园之外的场所；不要去寻找与校园相似的魔幻世界——如果要去国外留学，不要因风景优美而选择目的地，而是要尝试发掘该校的其他优点；思考一下如何将你的人生财富传授给那些不确定是否要考大学或是因无人指导而糊里糊涂的孩子。在哥伦比亚大学的某些美国研究专业班上，这是一项课程要求。其他高校也有类似的安排和项目，这是一个值得鼓励的趋势，也是应该大规模推行的举动。

如今的高校比任何时候都应该成为一场华丽的冒险，去推动学生向未开发的处女地及未认识到的自己前行，而不是让他们满足和沉溺于自我现状。而学生们，连同我们这些声称要给他们指引方向的人，需要对这个观点持有坚定的态度。

Chapter 6
From Tempe to Waterloo

第六章
对"神坛"的虚无想象：
在适合的位置，
每个人都能有所创造

"我曾有过这样的学生，他们在学校的非凡经历别人听都没听说过。"

——爱丽丝·克莱曼

加利福尼亚州门罗 – 阿瑟顿高中大学入学顾问

很不幸，我们对待高校和其他事物一样，倾向于墨守成规。亚利桑那州立大学被一个有负面影响的特殊陈规所困扰，这个陈规在高校档案网站上（译者注：College Confidential）被描述为"这是一个派对学校，你永远只能是万千人中的一个"。这句形容出自一个将自己描述为亚利桑那资深小姐的学生。她还认为，亚利桑那州立大学是"嬉皮士和丑八怪"的天堂。很遗憾她没能走遍全国的高校，因为她的目光很锐利，她的想法也很细腻。

亚利桑那州立大学的简称 ASU 则更深入人心，一直以来，该校都在与大众对其因校园面积巨大而像一个工厂的印象抗争。该校是美国最大的单一管理大学，其在坦佩的主校区有注册学生六万名，另外还有一万三千名左右的学生在主校区附近的其他校区（美国有规模更

.

大的大学系统，系统中不同的校区有不同的管理模式）。
该校同样还因地理位置问题而苦苦挣扎，因为其坐落于
"日照强烈、棕榈树繁盛、气候宜人的地方"。这个描述
出自该校校长迈克尔·克罗在接受 2014 年关于美国高
等教育的纪录片《象牙塔》时的电视采访。一个几乎全
年夏季的地区很难让人静下心来学习，这已经成为一种
广泛共识。所以，对亚利桑那州立大学来说，令人向往
的气候却成了其享誉全国的绊脚石。

　　纪录片《象牙塔》收录了 ASU 学生喝酒跳舞的片段。
其中一位同学喊道："这里可是派对学校！拜托，我们
现在在做什么？"另一名学生兴高采烈地说道："宝贝，
这里简直就是天堂！为什么不爱这里？"另外，纪录片
中还有在每学年最后一天举行的年度"释放自我，尽情
奔跑"活动的照片，这种活动看上去像是休·赫夫纳会
提倡的健身养生活动。纪录片中还有个大屏幕，显示着
ASU 在 2011 年《花花公子》杂志所发布的全国派对学
校中排名第三。在过去的十年中，该校一直在榜单的前
十名徘徊。

　　典型的 ASU 学生"在这种单纯享乐的地方喝到不省
人事"，一名大四学生证实了布兰登·阿诺德在纪录片《象

牙塔》中的说法。阿诺德在接受采访时，被一个不知所云、大喊大叫着靠近他的人打断。这场景就像是出现在沙漠中的啤酒喝多了的神经病病人，得戴上雷朋墨镜、科普特防晒霜和雅维止痛药。

但是，这样的 ASU 与某些呼风唤雨的年轻人眼中的 ASU 并不一样。这些年轻人的名字出现在前文所提到的《福布斯》"30 位 30 岁以下成功人士"榜单中。这样的 ASU 与温迪·朱帕克所认识的 ASU 也不尽相同。

现年 27 岁的温迪是家里的独生女。她的父母都是电力工程师，在她出生前夕从塞尔维亚移民到美国。在她父母的工作领域里，实操技能和技术知识比毕业院校甚至所学专业是否对口更重要。他们定居在坦佩，并在那里抚养温迪长大。在坦佩，精英学校并不像纽约、波士顿、华盛顿、洛杉矶等富裕市郊那么频繁而向往地被提及。除此之外，在温迪上高中的时候，精英大学一年的费用约为五万美元，高昂的学费使得她和父母望而却步。温迪是个全优学生，而且参加过很多大学预修课程，以她的成绩，完全可以尝试申请国内任何一所大学。尽管如此，她还是想去 ASU，因为在这所学校上学，她只需交纳每年六千美元左右的州内学费，而且还可以住在家里，以便削减其他开销。

她说："我的梦想是进一所顶尖法学院学习，我觉得我可以以 ASU 为跳板实现这个愿望。许多法学院每年会公布新生统计数据，其中一项让我震惊的数据是，我所关注的法学院愿意录取来自各类大学的毕业生。我还知道，法学院入学考试成绩和本科 GPA 等是非常重要的，因此，无论在哪所大学读书，我都会在这些方面加倍努力。"

当时，她还很担心学校有太多大课，即几百名学生在小礼堂里听讲座。但是，得益于就读 ASU 巴雷特荣誉学院，她经常可以参加 20 人以下的研讨会。不把公立大学放在眼里的孩子们或许不知道，许多公立大学有类似巴雷特这样的项目，满足尖子生接受挑战、更上一层楼的需求。但是，并不是只有巴雷特荣誉学院才是小班授课模式。实际上，ASU 超过 40% 的班级学生数不超过 20 人，只有 17% 的班级学生人数超过 50 人。

温迪说："如果你是自我导向型的人，那么在 ASU，你什么都能做。在学校里，很容易便能找到一组很有学习激情的人，这一点很让人吃惊。教授们对这些学生也能积极回应。我可以在任何时间走进教授的办公室请教，而他们也很乐意看到我。"她和政治理论老师杰克·克里腾德建立了很好的关系。克里腾德在牛津大学取得博士学位,他曾获得全国人文学科捐赠基金会的拨款,并写过三本关于探寻政治学与心理学的融合的书,分别为《超越个人主义》《民主助推器》和《像世界一样宽广》。温迪记得,当时她选了四门克里腾德老师的课,其中一到两门是研究生水平。

同时,她还被允许修其他研究生课程以及几门法学院的课程。她所修的课比实际需要多很多,最后毕业时,她完成了三个专业的学习:政治学、历史以及西班牙语。猛烈的阳光并没有让她分心,也没能阻止她获得好成绩。之后,她考入最理想的法学院——耶鲁大学法学院,并于 2009 年秋季开始在那里学习。她对我说,和其他毕业于规模较小的顶尖大学的学生相比,她和他们一样准备得很充分。2012 年自耶鲁大学毕业后,她为一名旧金山第九巡回上诉法院的联邦法官工作。之后,她跳槽到一家位于首都华盛顿的大型知名律所。她说:"目前来说,我很爱我的工作。"

28 岁的戴文·莫尼毕业于 ASU 的一个荣誉学院。他是温迪的朋友,现在在为一名哥伦比亚特区地方法院法官做书记员。戴文大学四年的学费由弗林奖学金赞助。这项奖学金是提供给选择在亚利桑那州继续深造的优秀高中生的。正因为有弗林奖学金，戴文才决定留在亚利桑那州，尽管他已经收到耶鲁大学和布朗大学的录取通知。他告诉我，大多数同学都支持他的决定，只有一位好友认为这个决定很不正常。

我问戴文他的好友为什么这样说。

戴文回答说："他只是不停地重复耶鲁和 ASU 这两个词，别的并没多说，大概跟学校名声有关吧。"

我问戴文对于自己的计划是否有过顾虑或担忧。

他说："高中的时候，我打定主意要上名校。大一第一学期，我对自己的选择充满怀疑，我会想，'如果我选了耶鲁大学会如何？'现在看来，当时的想法很荒谬，因为我很珍惜这段大学经历。当时，我并没有不开心，而且我也不认为我受到的教育不够好。我面对过很多挑战，也遇到很多机会和可利用的资源。"

他很感激在 ASU 所受到的教育，一方面原因在于坦佩校园与周边的社区几乎不存在什么屏障。ASU 不仅仅是坐落于亚利桑那州的坦佩市，而是与坦佩市融为一体。

戴文说："在 ASU 求学期间，我接触到亚利桑那州的政治圈。我曾几次在立法机关发表意见，其中一次是关于限制学术自由的法案。我还曾为一名竞选郡政府官员的候选人组织本地竞选拉票活动。在其他名校念书的我的朋友们则没有机会经历这些。"

戴文主修经济学，2009 年本科毕业，2010 年秋季开始在哈佛大学法学院深造。关于哈佛同学的专业背景，他是这样说的："我们班上同学专业背景差异性非常大：有毕业于佐治亚大学的，还有很多同学来自加州大学系统、得克萨斯大学系统和密歇根大学系统。"我问他是否感觉到与这些同学甚至毕业于更顶尖大学的同学之间有很大不同，他回答说，很难一概而论，但是在某些个例中，本科毕业于精英学校的学生对于他们为何进哈佛大学求学以及想要从大学经历中得到什么似乎不如其他同学明确。对于出身精英学校的学生来说，上哈佛只不过是他们人生中一系列需要报到的站台中的一站。他还补充说道，他们中的大多数来自东北部地区，在上大学之前在私立学校就读。

ASU 永远无法成为一枚独特的荣誉勋章，因为该校的组成、特点和使命都与之不符。ASU 奉行宽松的入学政策，并试图挑战和改变目前美国教育现状，根据几年前的一项调查显示，来自家庭收入在全国后 25% 家庭的孩子中，在二十四岁左右拿到本科文凭的不到 10%，而来自家庭收入在全国前 25% 的孩子中，二十四岁左右本科毕业的则超过 70%。为此，ASU 基本上可以接收任何亚利桑那州的高中毕业生，只要他们在那些对于大学学习很重要的 16 门课中平均成绩能够达到 B 或更好。ASU 学生平均学费为每学期 3800 美元，超过 40% 的学生可以得到仅提供给低收入家庭学生的联邦佩尔助学金。

ASU 牺牲了一些吸引想要进入名校俱乐部的高中生的高校属性，并放弃那些对类似于《美国新闻与世界报道》所出具的排名产生影响的数据。该校的本科录取率超过 80%，因此在大学选择率一项中，该校并没有得到分数。该校四年大学毕业率在 40% 以下，六年大学毕业率在 60% 以下，即便这个数字可以理解，却也不敢恭维：研究表明，较低的家庭收入与学生无法完成大学学业的可能性之间有密切关系。

ASU 校长迈克尔·克劳 2014 年夏季曾给我写过一封信，信中他这样写道："在我们生活的国家，评价大学是否成功的第一要素不是学生的智商或努力这两个指标。"
那个夏季，我们通过电邮、电话和面谈的形式有过几次
交流。当我提到在 2014 年秋季《美国新闻与世界报道》
的大学排名中 ASU 排在第 129 位时，他说："我们排名
很低是因为毕业率较低，而且我们没能被看作一流学府，
是因为我们没有针对增加学生申请率而采取措施。"

然而，该校强调入学率及吸纳性，这也意味着该校
在提高代表国家形象的、处于美国自我形象核心的、造
成时代收入不均衡的社会流动性这一方面可能做得比精
英学校多。试问谁不想去有这样值得赞美的价值观的大
学？尽管 ASU 的学生并不具有区域多样化的特点，但却
是社会经济背景和族裔多样化的典范。

克劳告诉我，"如果你到 ASU 读书，你将拥有社会
的整个横断面。而且是大规模的，不仅仅是两个美国本
土学生，而是几千名。我们提供这个条件，但是，只有
成熟的 17 岁少年才能抓住这个机会。"

同其他规模相仿的高校一样，对于那些主动的学生
来说，ASU 并不缺少优秀的教授和项目。截至 2014 年夏，
该校教职员工中有两名诺贝尔奖获得者、10 名美国艺术
与科学学院成员、11 名美国国家科学院成员、25 名古根

海姆基金会学者以及 5 名普利策奖获得者。这些优秀人士几乎都是自 2002 年起开始在 ASU 教书的，这也从侧面反映了该校为自我提升做出了积极的努力。但是，由于其派对学校的特质，这些方面并不为外界广泛知晓。

2010 年，《华尔街日报》就最喜欢哪所高校以及招聘新员工时最信任哪所高校的毕业生这两个问题，对在国内最大的国营及私营企业、非营利机构及政府机构工作的 479 名负责招聘的人员展开调查。结果显示，ASU 排名第五。但是，同样是由于其派对学校的特质，这个消息也鲜有人知，就如该校在获得富布莱特奖学金学生数排名中获得较高排名一样。

毫无疑问，ASU 的校园规模足以令其他高校嫉妒。克劳指出，学校每年开几千门课，并说道，"学生们的学习不会受到限制。学生们有——我不会用无限多这个形容词——很多机会，多到超出想象。"ASU 有 15 个校区，300 个学位项目，"在这些微环境中，你会找到适合自己的位置。"克劳解释道。例如，他说，"你可以申请成为赫伯格设计与艺术学院下属的音乐学院中歌剧项目的学生。"温迪·朱帕克和戴文·莫尼的经历证明，你会对你所受到的教育和这段经历对未来的帮助感到非常满意。

虽然 ASU 有着负面形象，但实际上却是前景光明，这个差异提醒我们，被大众及小部分申请者认可的一些肤浅的假设影响到对学校评估的客观性。精英学校并非拥有最强的师资力量、最优秀的学生和最尖端的设备设施，尽管它们的确靠着捐赠在上述方面占据了更多的份额。精英学校所真正具备的，是一系列小心翼翼的维持着的特性，这些特性被广泛地看作质量的同义词，并且历来受到好评。比起自己去做研究，家长和孩子们直接接受研究结果更为简单。精英学校所拥有的是舆论肯定和大众对其优秀程度的推定。

像 ASU 这样的高校不具备上述条件，为此我已经将其从精英学校的范畴中独立出来。但是，我同样也指出了，人们对高等教育的想法很狭隘，特别是那些有足够资源和雄心可以对申请的高校进行精挑细选的家长和学生。年复一年地，几乎相同的高校阵营获得相同数额的奖金，而在特定地理区域及社会经济群体的学生会提前列好目标学校的名单，名单中的高校数量很多且没有新意。

优秀的高校还有很多。有些像 ASU 这样的规模很大的高校，其实也有很多比较有价值的优点，但却并没有被大众所认知。例如，德州农工大学每周有一个与众不同的商业研讨会。九年来，每学期的授课老师都是资本雄厚的金融家布里特·哈里斯。他是桥水联合基金的首席执行官，该基金曾是世界上最大的对冲基金公司之一。他并不是一位大学教师，而这门名为投资巨头的课，其组织安排和实际授课模式也不同于传统的大学课程。

尽管这门课涵盖了市场的发展过程和经济学理论，其重点还是在于强调如何认清、获取并运用领导能力和金融头脑。为此，班上的 17 名学生——包括大三、大四和研究生——阅读并讨论由包括华尔街巨头在内的美国商界精英特别推荐的各种类型的书籍。这些商界精英中，有几个甚至亲临现场进行指导，并对学生们的读后感进行评判。上一周,班上可能还在研究文学作品《白鲸》或是托克维尔的作品《美国的民主》，下一周的讨论内容就转移到本杰明·富兰克林或史蒂夫·乔布斯的自传。讨论结束后，还有旨在促进同学间友情和思考持续性的晚宴。其间，同学们被鼓励，其实是被要求组成一个长期的专业小组。

我的一位好朋友 2014 年秋季学期在怀俄明大学当客座教授。她对这所大学一无所知。然而，她震惊于该校的经济实力（这要感谢该州丰富的石油和天然气资源）、教职员工的丰富经验和有素训练以及研究生中留学生的多样背景。这些留学生中的大多数都能够与本科生进行广泛交流并分享他们的世界观。我的朋友在全球及区域研究项目中授课，当她在开课前到一个由项目提供的休息室准备时，她发现那里有一名利用休假来攻读硕士学位的印度职业军人和一名来自肯尼亚的研究生正在唇枪舌剑。他们在争辩和讨论各自文化中的婚嫁风俗。房间中有三位来自上海的访问学者，他们还在适应怀俄明大学的寒冷天气和高海拔。还有两名女学生在玩跳棋，其中一个金发蓝眼，来自威斯康星州，另一个戴着头巾的女孩来自突尼斯。旁边不远，一位在台湾待了几年，前些日子刚刚回国的加州人在与一位在学校阿拉伯语项目当老师的摩洛哥人交谈。

在怀俄明大学，我的朋友还遇到一对同是教授的夫妻。他们都拥有剑桥大学博士学位，并在附近的牧场饲养了一群日本牛。她还曾与一位来自瑞典的社会学家不期而遇。这位社会学家已经开启了新的事业——在斯德哥尔摩警察局当侦探。我朋友带的那个班上，有一个研究生来自土库曼斯坦，还有一位来自法国的斯特拉斯堡。

"这里是怀俄明州的拉勒米！"我的朋友惊讶不已——因为这座城市仅有三万两千人，而且坐落于美国人口最少的州内。"我在这里遇见的每个人都很有趣。我希望学生们能了解到他们能到这所大学学习有多么荣幸。"听到她这样说，我微微一笑。她用"荣幸"这个词来形容高校十分少见，但是她这个词用得十分恰当。

还有很多规模较小的高校也拥有独特的优势和独一无二的特点。然而，像怀俄明大学和 ASU 这些高校却因太多的家庭对名校的追逐而常常被忽视，从而黯然失色。这些家庭所寻找的是某些想象中的巨大成功，在他们狭窄的视角中，并没看到任何关于我们无法重来的四年大学生活的难得机会和神奇的可能性。

你是否知道，在位于新泽西州的一所学校里，有一门行为心理学课程，这门课大部分上课地点都在六旗大冒险乐园及野生动物园，并且上课时会被陆地及海洋哺乳动物所环绕？这所学校就是位于西长布兰奇的蒙莫斯大学。几年前，一位心理学教授丽莎·狄妮拉带她自己的孩子们去公园游玩，然后意识到培训师关于动物行为的解释与她在学校的讲座内容有很多重复的地方。因此，她对蒙莫斯大学的一门新课程进行了改进, 加入了每周与六旗乐园培训师的讨论会以及对动物的实地观察。在过去的三年中, 这门课开过两次课。

你是否知道, 在位于纽约州的一所学校里, 有一间蒙古包宿舍? 没错, 就是蒙古包, 那种圆形的蒙古帐篷。这所学校是位于坎顿市北部某一小镇的劳伦斯大学。对于使用宿舍这个词, 我稍微有些纠结。每年秋季, 劳伦斯大学都会有一个项目叫 "阿迪朗达克学期"。这个项目是为一小组选择在距离校园大约一小时车程的阿迪朗达克公园的毡房里居住的学生准备的。这些毡房与湖为邻、以松树为盖。但是, 那里没有无线网、没有电, 也没有奇波特卷饼店 (译者注: 一家风行美国的墨西哥卷饼店)。学生们要学习生存技能, 还要自己做饭, 大部分食材需要从附近的一家农场购得。随着对荒野生活的适应, 他们通过一系列关于类似环境哲学或自然写作这种话题的课程, 来思考荒野存在的意义和人类的责任。

位于俄亥俄州格尔维尔的丹尼森大学提供关于蓝草音乐的学术课程。这门课是由一位熟知小提琴发展史的教授设计的。这名教授经常参与哥伦布交响乐团的表演, 他还多次获得过佐治亚州小提琴锦标赛的冠军。位于宾夕法尼亚州中心谷的迪西尔斯大学是一所天主教大学，该校与梵蒂冈合作了一个实习项目，每年往梵蒂冈派去6 名学生做文职及交流工作。

位于威斯康星州迪皮尔市的圣·诺伯特大学与绿湾包装工橄榄球队保持着密切合作关系。球队的运动员会定期到学校来交流，而且球队还会给学生提供实习机会。离圣路易斯不远的韦伯斯特大学重视国际化，并在包括泰国和加纳在内的许多国家有很多开放式校园。几乎每学期，该校学生都可以在说着外语、有着异域文化的地方学习。该校还有一支在 2013 年和 2014 年连任榜首的校国际象棋队。

位于俄亥俄州欧柏林镇的欧柏林大学是一所名副其实的博士点集结地，而且自 1920 年起，比起其他同等规模的文理学院，该校研究生申请继续读博的人数增长更快。说到这个，美国国家科学基金会就是通过高校研究生中申请继续读博，特别是科学领域博士的比例来给大学排名的。排名中许多靠前的位置都被规模较小的文理学院占据，如排名第四的里德学院、排名第五的史瓦兹摩尔学院、排名第六的卡尔顿学院以及排在第七名的格林内尔学院。

对"神坛"的虚无想象: 在适合的位置, 每个人都能有所创造

　　乔治亚·纽金特 2003 至 2013 年在上述一所小规模文理学院——凯尼恩学院担任校长一职。她告诉我:"总会有家长带着他们的孩子来,并说道:'我们真的很喜欢这所学校,但是比利真的很想读科学类专业。'其实,规模较小的高校在培养科机工数(科学、机械、工业和数学)方面的本科生上更成功,而且在培养学生继续在上述四个方向取得博士学位方面,这些高校似乎也更有建树。"

　　纽金特的经历和观点很有意思:她的事业起步于在康奈尔大学教书,随后又跳槽到布朗大学,之后很多年,她都在普林斯顿大学供职,并曾在那里做过校长助理、副校务长等职位。凯尼恩学院给她提供了一个更有学术氛围的环境,而在该校和之后在独立学院理事会工作的过程中,她也学到了在常春藤盟校里学不到的知识。独立学院理事会由包括凯恩斯学院、丹尼森大学及圣劳伦斯大学在内的六百多所中小规模文理学院及大学组成,这些高校几乎都不如普林斯顿大学、布朗大学和康奈尔大学名声大。而且,她已经接受了一个坚定的信念,即对于本科生来说,这些中小规模高校才是理想的学习环境:容易申请并且以一种独特的方式培养人才。她说,

这些高校中，每一所所拥有的项目数量，都比外人根据学校规模猜测的要多。她还指出，这些高校自成一组，给学生们提供了一个特别的选择系列，如果学生们用心去发现，一定会看到其独特的美。

例如，位于爱荷华州迪科拉市、隶属于美国福音路德教会的路德学院就已经被证明是一个培养优秀学术奖项获得者的摇篮。尽管该校得到的捐款数额仅为 1.16 亿美元，且每年学生仅有 2500 人，但是自 2009 年起，该校已经成功培养了 8 位罗德学者和 16 位富布莱特学者。

这样的例子不胜枚举。抛开美国高等教育目前所面临的挑战不谈，从学生贷款的不断增多到分数贬值和反复无常的标准，我们的教育系统无疑受到世界瞩目，这不仅仅是因为我们最有声望的大学在研究方面走在世界前端并吸引各国精英，我们还有各种独一无二的丰富且多样的学习环境。根据这一情况，大学申请应该也能够成为欣喜地查找可以选择的高校并且感到充满动力和兴高采烈的过程。但是，对太多的学生来说，事情却并非如此，而财力有限也并非唯一的原因。学生和家长缺乏冒险精神和想象力也难辞其咎，信息就摆在那里，你所需要做的只是看一看。

第六章

对"神坛"的虚无想象：在适合的位置，每个人都能有所创造

这些不足并非最近才产生的。一些学校吸引申请者的目光而另一些高校却莫名其妙地乏人问津，这种现象已经有很长时间。曾有一段时间，我感到很不解，就是当我读中学的时候，周围的人在不停地讨论着毕业后申请哪些大学，有趣的是，我从没听过有人提及过圣约翰学院。当我走遍大半个美国，采访了成千上万的来自各行各业的人之后，我依然没听到过有任何人去该校读书，甚至都没有人告诉我，他／她认为这所学校是值得遐想的，或是愿意鼓励自己的孩子考取的。

然而，圣约翰学院是一所很热情迷人而又独一无二的学校。该校在马里兰州的安纳波利斯和新墨西哥州的圣塔菲各有一个校区，每个校区学生人数不超过五百人，其教育重点放在经典著作、大思想家以及西方正典上：囊括对希腊哲学家、圣经、弥尔顿、莎士比亚、霍布斯、卢梭、独立宣言、艾略特、马克·吐温的学习。圣约翰学院的目标是希望学生能够博学经典，并拥有雷打不动的纪律和缜密的思维。学生们并不通过考试取得正式的分数，而是根据他们小班授课的出勤率和大量论文的质量，得到面对面的口头评价。调查显示，学生们很喜欢也非常满意这所学校。

一直以来，安纳波利斯校区和圣塔菲校区都位列改变人生的大学名单中。这个名单源自 1996 年出版的同名书籍。该书旨在展现常春藤盟校之外的鲜为人知的高校，并对这些高校提出赞扬。其主要观点为：大学录取率从某种程度来说是高校使命的崩塌和高校身份的扭曲，这种改变并不是教育的真正宗旨。而且，该书作者认为，无论名声多么显赫，没有任何一所高校适合任何一名学生或适合所有获得录取通知的学生。高校就如同长裙或套装，版型和颜色一定要适合选择它的人，合身最重要。

当我与指导老师们交流时，我通常会问这样一个问题：哪所高校经证实为在校生提供了一段非比寻常的经历？我听到对斯坦福大学、布朗大学和约翰霍普金斯大学的赞美之词。然而，同样收获赞美之词的还有其他高校，如对俄亥俄州伍斯特市的伍斯特大学的褒奖，这所大学要求学生在大三学年做一个难度很大的项目；对位于印第安纳波利斯的巴特勒大学的称颂，这所高校的戏剧项目广受好评；对印第安纳大学，特别是其音乐专业的好评；对位于印第安纳州绿堡市的近年来校园升级改造如火如荼进行着的迪堡大学的肯定，以及对位于纽约州北部的科学方向教学实力雄厚的罗切斯特大学的赞扬。

对"神坛"的虚无想象：在适合的位置，每个人都能有所创造

　　门罗－阿瑟顿高中的辅导员爱丽丝·克莱曼提到位于华盛顿州首府奥林匹亚的常青州立学院。这所高校以作为传统高校的候补而著称，该校评估学生的标准不是分数，而是口头评估。该校积极关注环保问题，并且拥有一个思维活跃而新颖的学生群体。克莱曼说，一个从门罗－阿瑟顿高中考入常青州立学院的男生在大一读完后回母校看我，我几乎都认不出他了。他现在变得非常自信，因为他与身边的同学志同道合，而且学校评估学生的方式与大学入学过程并不相同。他交到了朋友，也挺起了腰板。他对自己有了全新的认识，因为他选择了一所非常适合他的大学。哈佛大学或是斯坦福大学未必适合他。

　　每位想要考入大学的学生都有自己的需求，有些学校能满足他们的需求，而有些不能。大卫·卢森科认为已经录取他的卡内基梅隆大学就属于后一种。因此，他选择到宾夕法尼亚州立大学就读。

　　他想要加入兄弟会，想要参加足球队，想置身于一个充满活力的校园。他并不是天生就有这样的想法，而是后天养成的。他的目标是改变自我、多方面发展、提

升自我能力以及变得独一无二。他的生活环境和家庭教养已经与众不同，现在是时候完成这幅图画。

他从小在国外长大，刚开始在法国，7 岁开始在摩洛哥的卡萨布兰卡生活。他的父母都是英语教师，在卡萨布兰卡开办了一所英语授课的高中。这所学校很小，仿佛一片异域之海上面的一个小岛。他就是其中一名学生。2002 年毕业时，他所在的班级仅有 12 人。

他说："在卡内基梅隆大学读书的学生都很聪明，我之前就对该校了解过很多，而且该校有计算机科学专业。"一切都很完美，计算机是他的强项和兴趣所在。但是，他担心的是，从卡内基梅隆大学毕业后，他会成为一个"不懂社交的书呆子，而且无法获得成功所需的人际交往技巧。"

他说："我是个安静的人，这个性格对我学习人际交往技巧会造成负面影响。我的想法是，与人交往的技巧和软技能对于一位领导者来说十分重要。而我一直以来都想要创业。"

于是，在宾夕法尼亚州立大学读书期间，他坚持走出教室，融入社会，加入兄弟会。他确实变得更外向，更善言辞，也更健谈。他说："兄弟会就是一个小世界，你能够从那里学到很多。"

他在学术上也同样有收获。宾夕法尼亚州立大学新开设了一个计算机科学专业, 该专业不仅强调对技术的学习, 而且重视小组作业和上台陈述: 这两种技能对想要向投资者推销产品和鼓励员工完成目标的企业家来说是必备的。

他说: "该项目的理论基础在于使学生具备更全面的技能。几年下来, 我做了超过 60 次的演讲。"

他在学校的收获不仅于此。在校期间, 他遇到了两位志同道合的同学, 并与他们成了好友。他和两位同学一起创办了自助建站服务商网站通 (译者注: Weebly)。这家公司成立于 2006 年, 2009 年开始盈利。2014 年, 该公司接到红杉资本 3500 万美元的融资。红杉资本是一家风险投资公司, 据时年 29 岁、时任网站通首席执行官的卢森科说, 该公司给网站通的估值为 4.55 亿美元。现在, 卢森科居住在科技天堂旧金山。

卢森科说, 宾夕法尼亚州立大学对他的帮助很大。他觉得名声更大的学校不一定使人更优秀, 而且他认为我应该跟萨姆·阿尔特曼聊聊。阿尔特曼是 Y 孵化器 (译者注: Y Combinator) 的总裁, 对于新起步的科技公司来说，这家公司无疑是硅谷最有名也是最有影响力的种子资金来源。Y 孵化器不仅给网站通提供初始资金，还给几千家有独特想法的新公司中的约 750 家提供资金帮助。卢森科说，阿尔特曼对于精英学校的毕业生是否有能力将公司发展壮大有着精准的判断。

于是，我给阿尔特曼打了通电话。29 岁的阿尔特曼并没有完成在斯坦福大学的学业，因为他和另一名同学合伙创立了 Y 孵化器。当对自己与合伙人进行介绍时，他说道，斯坦福大学保佑了他，大学的时光很快乐，并形容那里是"天才的聚集地"。

但是，他补充道："令我懊恼的是，斯坦福大学在过往记录方面尚有欠缺。"他是指斯坦福大学毕业生给 Y 孵化器提交的大多数方案并非潜力十足。他指出，Y 孵化器最成功的案例——空中食宿网（译者注：Airbnb）是由罗德岛设计学院的本科毕业生创建的。

我问他，是否有一所高校突出重围，因其毕业生思维灵活且活跃而成为 Y 孵化器最引以为傲的成功案例。

他回答说，"有的"，并点名了一所虽未拥有像空中食宿网创始人那样优秀的毕业生，但却有着独一无二的记录并值得投资的想法的记录的学校。"这所高校是滑铁卢大学。"这所学校位于加拿大安大略省, 是一所学生人数超过三万人的公立大学。

阿尔特曼在 2014 年的一次演讲时说道:"我会尽量缩短出差的时间, 但是, 我今年秋天准备在滑铁卢大学花上三天时间, 与更多学生进行交流。该校工程专业的学生很优秀。滑铁卢大学有多次脱颖而出的表现, 让我觉得'我必须要实地考察一次。'"当然, 他之前也有过高校考察经历, 但从没花费过三天之久。

他给我提供的成功的新企业名单中, 有八家公司都与滑铁卢大学有渊源, 这八家公司为: 泰米实验室、快递柜 (译者注: BufferBox)、佩铂 (译者注: Pebble, 一家智能手表厂商)、网页通 (译者注: PagerDuty, 一家从事 IT 系统故障管理的公司)、视频小院 (译者注: Vidyard, 一个视频发布与管理平台)、选址通 (译者注: Piinpoint, 一家大数据选址公司)、雷比 (译者注: ReeBee 数字化商品宣传单营销平台) 以及因斯特卡特 (译者注: 一家负责快买快送的网上百货店)。

阿尔特曼告诉我, 他的观点是, 进精英学校的重要性在于 "走下神坛, 而非浮于尘世", 因为通往事业成功的道路, 不一定需要给研究生学院或企业提供详细的学习经历以及值得炫耀的成绩。他说："现如今，许多人才不会把事业与高校剥离开来，很多人在读书期间就开始创业或尝试新鲜事物。"

他还说，评价这些学生的依据是他们目前所做的事和所能提供的案例。"你是否参与了某个开源项目？你是否录制了在 YouTube（译者注：一家视频网站）上点击率很高的视频？如今，你可以利用网络展现自己的实力。网络是展现自我的平台。你也可以通过推特了解这些学生都有过哪些成绩。"

他还补充道："作家们通过微博上的优质文章得到书籍出版的邀约。每个人都能有所创造。任何人都可以肯定这些内容的价值。好的作品会得到分享，然后爬上排行榜前列。之前，这种事几乎是天方夜谭，想要发表书籍作品的人一定是有关系的人。"

他的起步平台是硅谷，这一点并非普遍现象。还是有很多初出象牙塔的学生循规蹈矩，从公司职员做起。但是，这些公司想要的并不是毫无创新的毕业生，也不一定是斯坦福大学毕业生，这使我再次想起在《华尔街日报》对雇主的调研中，ASU 排在企业最想录用的应届毕业生高校第五名。排名前四的高校分别是宾夕法尼亚州立大学、德州农工学院、伊利诺伊州立大学以及普渡大学。第六名至第十名的学校依次为密歇根大学、佐治亚理工学院、马里兰大学、佛罗里达大学以及卡内基梅隆大学。前 25 名中唯一进榜的常春藤盟校为康奈尔大学（第十四名）。

Chapter 7
An Elite Edge?

第七章
精英边缘？人生必须主动争取，
成为精英的关键在于：
你是如何上大学的

"我认为，人们有种自负和相信奇迹的态度，认为自己会坐在大学校园里，认为一切都会水到渠成。然而事实并非如此。你必须去主动追求。"

——康多莉扎·赖斯
美国国务院第 66 任国务卿

《华尔街日报》的调研将宾夕法尼亚州立大学、普渡大学和马里兰大学置于如此高的排名并不足以服众，还需要一些特殊说明和解释。《华尔街日报》随排名附上的记录便充当了这样的角色。招聘人员并非认为他们将之排在榜单前几位的学校有着过人的教育质量和某些重要方面的高智商人才，也不认为这些学校的学生将来就会有光明的前景。招聘人员的意见反映了，当涉及需要员工有多方面才能的基层员工时，州立大学的毕业生在培养受过特殊相关训练的积极员工方面更可靠。在如今应届生失业率很高的环境下，这个情况引人注意，发人深省。除此之外，为了公平起见，当然还有一些其他情况。

　　例如，某些企业更愿意到名校招聘，而不是《华尔街日报》所提供的榜单中前五名的学校。这些企业中的少数公司会只认可某一所名校，并希望利用精英学校严格的录取过程作为筛选标准，将大量的潜在员工压缩成一群有经验、自信和头脑灵活的符合录取条件的人，以便控制招聘的时间、人力和金钱成本。这样做的结果是，某些资金雄厚的银行、华尔街的基金公司和一些待遇丰厚的咨询公司与哈佛大学、普林斯顿大学、宾夕法尼亚大学建立了紧密的合作关系。

当精英学校有足够的人在某一区域站稳脚跟，他们便会吸纳更多母校的学生，因为母校是他们引以为荣和信心十足的地方，因为他们对母校的敬意是一种自我肯定的形式，因为他们和母校的应届毕业生有着相似的准则、思维模式和校园文化背景。在一段不稳定的婚姻关系中，亲不敬，熟生蔑。在财经、法律和其他领域，相似性带来的是舒适度和工作机会。

这一点毋庸置疑。同样无法否认的是，在商科、法律、医学及其他学科方面享有盛名的研究所里，有很多本科名校出身的校友，这种不均衡分布也成为吸引招聘人员的磁石和高薪工作的跳板。温迪·朱帕克、戴文·莫尼、彼得·哈特以及其他从州立大学毕业之后考入常春藤盟校法学院或商学院的采访对象们表示，他们遇到过很多有相似经历的人，但是他们也提到，考入常春藤盟校继续深造的同学中，名校本科毕业的比普通公立大学的同学人数多。知名研究所不会例行公事地将学生的本科毕业院校进行总结分析并公布于众，但是耶鲁大学法学院在 2013 年和 2014 年连续两年做了此项工作，即将几百名在校研究生，无论年级性别地进行本科毕业院校统计。统计结果显示，超过 40% 的学生本科毕业于八所常春藤盟校。在耶鲁大学法学院本科校友最多的高校前十名中，除康奈尔大学之外的其他七所常春藤盟校均位列其中。对比而言，本科毕业于州立大学的学生比例不到 20%——这个数字还是算上在耶鲁大学法学院读书的加州大学伯克利分校和加州大学洛杉矶分校这两所顶尖公立大学的大量毕业生之后得到的。

我认为，从这些数据可以看出，顶尖商学院及其他项目的学生本科背景并不如常春藤盟校及耶鲁大学那样强大。但是，无论实际情况如何，这一点对于如何解读耶鲁大学法学院的毕业生组成，以及如何解释某些研究得出的精英学校毕业生的人生收获多于普通学校的结论都十分关键。情况显而易见，是这样的：是精英学校造就出了耶鲁大学毕业的律师及赚钱养家之人吗？还是说，耶鲁大学毕业的律师及那些赚钱养家的人，他们的性格特点和思维模式与那些追求精英学校，并成功地将赢得大学录取委员会青睐的高中简历糅合在一起的人性格特点和思维模式相吻合？

因为这个问题无解——原因在于研究中无法设计控制组——所以无论关于教育和收入的主张有多肯定，这个问题都很少被问到，这个问题已经被丢弃了。

我们来探讨一下最近关于大学毕业生和其他人员的工资收入巨大差距的讨论和记录。毫无疑问，大多数的差距可归因于从学校学到的技能和大学毕业的自信心。对于那些没有本科学历的人，有些雇主甚至看都不看一眼，即使这个职位并不需要应聘者拥有本科学历。然而，有些造成差距的原因不是大学教育的相关变量，而是与大学教育毫无关系的变量。如果一个学生出自富裕家庭，那么他／她获得本科学历的机会将大大增加。而这样的学生会有更多的关系网可以利用，也更自信能够胜任有挑战性的工作，在他们的成长过程中有着更远大的理想和更丰富的经历，能够指引他们通往更灿烂的未来。大学毕业生或许纪律性更强，至少更容易管理。这种特性并不是大学所赋予的，而是在学生读书的过程中呈现出来的。这种特性对于收获一个好工作并大展拳脚步步高升很重要。工作中，精英学校毕业生的表现和普通高校毕业生的表现之间的差距也可以用同样的原理解释。

阿兰·克鲁格是普林斯顿大学经济学教授，他曾在奥巴马任期内的白宫经济顾问委员会担任主席一职。斯黛茜·戴乐是麦斯迪卡政策研究中心分析员。此二人曾在 2011 年展开了一项研究，希望能改变这个现状。克鲁格和戴乐将研究对象锁定在 1976 年和 1989 年开始大学生涯的人，这样一来，他们能够对职业生涯早期和晚期的收入情况都有所了解。他们的研究假设是，毕业于名校的学生收入比普通高校毕业生平均高七个百分点，即使普通高校毕业生的 SAT 和 GPA 成绩与同级的名校毕业生同样优秀。

但随后，克鲁格和戴乐进行了调整。他们将研究对象瞄准那些申请过名校但未能成功的普通大学毕业生。结果他们发现，收入差距基本消失了。某位学生考入宾夕法尼亚州立大学，但是他也申请过录取率较低的常春藤盟校——宾夕法尼亚大学，结果显示，他的日后收入与宾夕法尼亚大学有着相同 SAT 成绩的同级学生相同。

这个结论很喜人，意味着在一定的智力和能力程度上，决定收入的不是名校光环而是拥有光环的人。如果背景和心态决定了某个人将精英学校看作心之所向且触手可及的目标，那么他／她更有可能拥有获得高收入的工具和性格，无论最终他／她是否成功考入精英学校。这一点在克鲁格和戴乐 2011 年的研究中得到证实："在决定学生收入的自变量中，拒绝某一学生的高校的生源平均 SAT 成绩比接受该生的高校的生源平均 SAT 成绩重要一倍。"

在采访克鲁格时，他向我解释道："学生申请大学的时候习惯自我分类，野心更强的学生一般会申请精英学校。"决定未来收入水平的是倾向于选择宾夕法尼亚大学的想法而不是真正在宾夕法尼亚大学学习。抑或，起决定因素的是这种倾向再加上果断和自信。果断和自信是另外两种影响大学申请及申请哪些竞争激烈的高校的想法的因素。

克鲁格对我说："另外一种解读我的研究结果的方式是，一个优秀的学生在哪里都能收获良好的教育，而对于学习并不上心的学生来说，无论在哪里都不会有太大收获。"

尽管如此，研究结果还是有一个瑕疵。克鲁格和戴乐发现，即使在调整调研对象后，如果少数族裔的学生和来自弱势群体背景的学生能考入录取率较低的学校，还是会对今后的收入有所帮助。两位研究者将这个结论总结为理论，即对于这些学生来说，在名校建立关系网比其他同学更重要，因为其他同学可以在学校之外的环境中参与到有价值的关系网中。

我并不认可将高校看成和评价为通往财富的桥梁，然而，即使是还未到上大学年龄的孩子也会将目光锁定在名校上，并更多地关注自己未来计划要学的专业。专业的选择也很重要。在最近的一项研究中，乔治城大学的教育与就业中心确信，那些选择未来经济收益最好的专业——石油钻探工层专业的学生平均年收入比那些选择未来经济收益最差的专业——咨询心理学高四倍。就业率的高低与专业也有很大关系。药理学的毕业生就业率为100%，而社会心理学毕业生的就业率仅有16%。

乔治城大学教育与就业中心主任安东尼·卡内瓦拉告诉我："比起从前，到哪所大学就读已经没那么重要了。决定收入的因素是你的专业领域。如果你到哈佛大学求学，毕业后成为一名教师，那么你的收入不会比毕业于其他院校的教师多。"

　　但是，如果你离开劳动力市场一段时间并小有成就，那么你的专业重要程度会下降。2014 年年初，盖洛普咨询公司发布了一项全国民意调查结果，该调查的内容是请各企业领导者对四个决定录取与否的因素进行评价。这四个因素分别是求职者在某些特定领域中的知识储备、求职者的"应用技能"、求职者的专业以及求职者的毕业院校。在评价这四个因素时，受访者有四个选项可以选择，分别为"很重要""一般重要""不太重要"或"完全不重要"。专业知识是目前来讲企业领导者认为"很重要"的一个类别。将近 85% 的受访者都给出如此评价。然而，求职者的毕业院校？只有 9% 的受访者选择了"很重要"。

　　有趣的是，盖洛普咨询公司对普通路人做了同样的调查，结果显示，这些人所认为的决定是否被企业录取的因素与领导者的想法不一样。几乎每三个人中就有一个人有着错误的认知——如果领导者的答案可靠的话——即应聘者的毕业院校很重要。

　　卢森科的成功和阿尔特曼的意见都表明，科技世界和硅谷的人们或许是注重想法和专业技能而将教育血统完全忽略的最生动的体现。这一点在我《泰晤士报》的同事汤姆·弗里德曼2014年发表的被迅速广泛传播的两篇专栏文章中有体现。文章的名称分别为"如何在谷歌求得一职"以及"如何在谷歌求得一职第二部分"。这两篇文章包含了很多来自谷歌负责招聘的高管拉兹洛·博克的观点和建议。经弗里德曼讲述，博克对应聘者的毕业院校是否为名校并不在意。

弗里德曼写道："总结起来，博克的招聘原则是，现今社会，人才有很多种，而且可以有多种非传统塑造方式，招聘官一定要关注名牌院校之外的全部高校。因为'那些没上过大学却依然在社会中求得生存之道的人都是杰出人才。而我们所要做的就是找到那些人。'"他补充道，"太多的高校并没有兑现自己的承诺。你的学生贷款负债累累，却并没有收获到对人生有用的技能。"

弗里德曼接着说，"谷歌不局限于类似GPA这样的传统评价标准，从而最大限度地引进了人才。"随后他又补充道，"注意，你的学历并不是工作能力的代名词。如今社会，企业的关注点和愿意为其支付费用的点在于一个人是否能利用所学而做到什么（如何学到并不重要）。而且，在创新越来越成为团体努力方向的年代，企业也更关注许多软技能——领导能力、幽默感、协作性、适应能力和求知欲。无论你到哪里工作，这一点都确凿无疑。"

帕里沙·塔布里兹持有相同的观点。我联系她是因为她出现在 2013 年福布斯发布的 30 位 30 岁以下成功人士的榜单中。她本科和研究生都毕业于伊利诺伊大学计算机科学专业，之后到谷歌工作。现年 31 岁的她是谷歌浏览器安全小组主管，并负责该小组及谷歌其他安全小组的招聘工作。

塔布里兹说："当我查阅求职者简历的时候，学历是一个数据点，但我从来没过多关注过取得学历的院校。我更关注求职者参加过哪些社团活动。我在信息安全部门工作，工作内容是找出安全漏洞，使网站更加安全，所以我在寻找有过相关经验的人，这些经验在教室里是无法获得的。"她说，这些有经验的学生可能将其视为业余时间的兴趣。或者，当他们还在校园读书时曾参加过某些特别的校外研究项目，这些对塔布里兹来说很重要，也是吸引她的因素。

她说："我在谷歌的经历使我对要求新员工具有本科学历的必要性产生怀疑。如果你能够连接到互联网，那么很多知识都可以通过自学获得。我们组有个波兰工程师——他很聪明——通过阅读工程手册和参加网上社区论坛和站点自学英语。计算机科学学历并非毫无价值，只是，门门拿 A 并不代表你就是个优秀的编程人员。"

硅谷以外的地方，许多招聘人员在探讨将潜在雇员的范围扩大，以便突破只关注名校毕业证的局限性。在曼哈顿管理一家营销代理公司的斯图尔特·卢德芬告诉我，相比较毕业院校来说，他更注重应聘者的 GPA 成绩，因为其通常代表着一个人的目标和努力程度。另外，他还会愿意看到或听到求职者的校园生活经历：如求职者是否管理过社团？是否成功筹办过大型活动或募捐项目？是否攻克过某个困难重重的项目？卢德芬十分关注求职者在面试时介绍和表现自己的方式，因为这将会是他们与同事及客户相处模式的提前写照。

卢德芬说："如果你只关注精英学校的学生，你将会错失许多有才能的人。人们就读精英学校与否成因很多。有资金问题，也有地理因素。有时候，人在念高中时并不重视学习成绩，所以并没有得到漂亮的成绩单。但是，不知是何原因，当他们考入大学之后，便开始有了从前没有过的学习热情，这正是企业所需要的。这种热情将会成为未来成功的重要因素。"

一个人脱离学校的时间越久，高校对雇主的重要性就越低。当一个人40岁的时候，或许毕业院校就完全不重要了。但是，即使在一个人35岁或30岁的时候，都有一些新的信息可以用来评价他／她，这也是大多数雇主选择用来评价求职者的标准。

凯文·瑞迪是面食快餐（译者注：Noodle & Company）的主席和总裁，这家快餐店是一家总店位于科罗拉多州、在过去几十年中最为成功的休闲快餐连锁店。他说："展示过去的成功以及展现与职位要求相似的过往经历比很久之前在哪所高校就读重要得多。"凯文对连锁店高级经理的招聘有最终决策权。

凯文的晋升与精英大学无关，而是源自于上大学之前就有的企业家精神和职业道德。这种品质是后天无法习得的。当他11岁的时候，曾在某天与一位为他所居住的位于匹兹堡郊区的社区送牛奶鸡蛋的人聊天。这个人抱怨说，鸡蛋简直就是他的易碎敌人，因为它们太容易破，影响了他的送货速度。凯文表达了愿意帮他给社区邻居送鸡蛋的意愿，并表示费用可以适度收取。于是，凯文把鸡蛋放进他的小货车，小心翼翼地确保它们不会破掉。凯文说："我想赚些钱用来买棒球手套。"

凯文的父母并不富有，所以凯文经常兼职。15 岁的时候，他在麦当劳打工。"麦当劳的扩张速度很快，而且经常打广告。我家附近就有好几家店，路上花不了多少时间。我说：'这是我的课程表，这是我的体育活动表，除此之外的其他时间我都可以工作，只要你们需要。'当时我年纪还小，不能在烤架上烹饪，所以我的工作是打扫餐厅和厕所以及操作奶昔机。慢慢地，我便开始负责烤炉。"高中最后一年，他每周在麦当劳工作二十个小时。大学时期，尽管他已经有了管理职责，却依然保持每周二十个小时的麦当劳工作时间，只不过大三、大四的时候，他已经在办公室打工了，他用这个工作所赚的钱交学费。

他在离匹兹堡不远的天主教大学杜肯大学读本科。他说："我在家住，因为我负担不起学校宿舍的住宿费。"他读的是商务与会计专业。但是，当我问他哪门课对他意义重大时，他提到的是一门其他领域的课。这门课名为婚姻与家庭关系，授课讲师是一位牧师。

凯文回忆道："这位牧师有一个永恒的主题，即在有压力的时候，不要反应过激，也不要无动于衷。他说，'如果你不理解他人的信仰，不要与之争吵、争辩或试图改变他人，你需要做的就是倾听。'对于各行各业来说，这个建议都很中肯。我们需要面对现实：商界的本质就是关系。你需要拥有有智慧的人。但是，一旦你理解了一个完美计划并对其分析，之后还需要将其付诸实现。而将其带入到生活中的正是与他人的合作。"凯文说，当他在大学时期磨炼这些技能的时候，并不需要在名牌大学，在麦当劳就可以培养这些能力。

他说："如果想要对他人产生影响并获得成功，天生的智慧远远不够。我不认为你能像某些严母一样把所需品质一一列举。短期内，大学之门大大敞开。但我认为，在生命中的任何领域，真正的成功和长期的成功都需要一种品质，这种品质更多地源于人们每天的行为而非成长于何地或是毕业于哪所学校。这是选择和坚持所选的表象，也是终生学习的体现。一旦你走出校园，生活的大多数时间都会去与人接触、去影响他人、去冒险和倾听。我认为，人们的性格和真实能力只有在长时间做一件事、屡败屡战之后才能闪光。"

招聘的时候，他会问及的并不仅仅是求职者是否具备适合某一职位的特质，还会问道："他们是什么样的

精英边缘？人生必须主动争取，成为精英的关键在于：你是如何上大学的

人？是否聪明？是否尊重他人？是否充满激情？"有时候他能从面试中找到答案，有时是从介绍人处了解一二，或是从求职者的过往工作经历中、从他们升职的频繁程度和模式中也能略知一二。但是，从他们就读的高校能看出来吗？似乎并不能，通常不能。

在采访凯文后不久，我与布拉德利·图斯克进行了交谈。我第一次碰见他是十五年前了，当时他还是来自纽约州的国会参议员查尔斯·舒默的外联主管。那之后，他担任过伊利诺伊州副州长，雷曼兄弟高级副总裁，纽约市市长迈克尔·布隆伯格的特别助理以及布隆伯格2009年连任竞选活动的负责人。目前，他经营一家总部位于纽约市的政治与策略咨询公司图斯克策略公司（译者注：Tusk Strategies，优步最大的投资者之一）。

图斯克说："在过去的二十年里，我招收了几百名员工。"他本科毕业于宾夕法尼亚大学，之后考入芝加哥大学法学院。他说，他并没发现精英学校可以保证或预示学生将会成为优秀员工。"大多数工作都对员工的智力有基本要求，之后的成功便由其他因素决定：职业道德、工作态度、直觉、沟通技巧、情商、性格、创造力、坚持不懈。我没看到任何证据显示在精英学校上学就能

学到这些技能（除了职业道德）。我还发现，遇到困难的人会培养出更多上述技能——特别是坚持不懈——他们通常没有精英学校毕业的雇员身上所具有的自命不凡和自视甚高。

"因此，至少基于我在政府部门、政治和经济领域工作的经验来看，我没发现任何在招聘过程中需要关注毕业生毕业院校的原因。"他这样总结道。他笑了笑，因为最近他给三个三十岁左右的人发过管理层工作邀请，他说，"我不知道他们毕业于哪所学校。我想我可能知道其中一位的毕业院校，但并不十分确定。至于另外两位的毕业院校？我完全不知道。"

2013 年 12 月中旬，盖洛普咨询公司和普渡大学宣布建立合作项目，由鲁米纳基金提供财政支持，"去进行美国历史上针对大学毕业生的最大规模的代表性研究。"该研究被命名为盖洛普－普渡指数，据该研究的首次发布会上说，其目的在于"测量高等教育最重要的成果——成功的事业和精彩的生活——并给高等教育领航人提供建设性的视角。"该指数展现了美国消费者是如何看待大学教育所面临的问题的，如高等教育学费为何如此昂贵；

是否能得到足够的投资回报；如何才能更好地为学生和国家所利用。

米奇·丹尼尔斯是普渡大学校长，他曾任两届印第安纳州州长。在合作项目面纱揭开的时候，他说道："如同基础教育一样，高等教育承担责任的时代也已经到来。"这个调研项目请高校毕业生对所谓的"幸福感的五个关键维度：目标、社交、体能、财力和交流"进行评价。

2014 年 5 月，第一次年度报告出炉。这次报告基于对超过三万名大学毕业生的调查。提供给各新闻媒体的标题总结为："重要的不是你上哪所大学，而是你如何上大学。"

总结报告的第一段这样写道："在工作投入度和毕业生幸福指数这两方面上，毕业于公立学校、私立非营利高校、录取率很低的高校抑或是《美国新闻与世界报道》的大学排名榜前百名的高校并不会有任何差别。"走出校门，盖洛普咨询公司和普渡大学所面临的是对精英学校的痴迷，走出校门，他们面对的是对《美国新闻与世界报道》大学排名的莫名追崇。他们了解这个时代，就好比他们将目标放在一种大众精神病上。

这个报告并没有对毕业生的薪水进行调研：因为薪

水是成就的可怜替身，是一个与幸福无关、对幸福的含义有误导的变量。相反地，该报告将毕业生在工作中的自我满意度进行了测量。这种单独的（尽管有关联）对于幸福度的裁定被胡乱地从那五个维度拼接在一起，即受访者是否喜爱自己的工作（目标）；他们的关系网对自己是否有帮助（社交）；他们是否感觉身体很健康并充满活力（体能）；他们是否认为很好地管理了自己的财政，使自己感到压力更小，更有安全感（财力），以及他们是否与自己生活的社区以及经常深处其中的社区建立了联系并引以为豪（交流）。根据他们在这些方面的自我评价，可以将受访者定位为三种状态，分别为积极向上、勉强维持和痛苦不堪。

该报告五年内每年都会被研究一次。据报告显示，学生贷款对幸福感和工作投入度有很大的影响。贷款数额在两万到四万美元的毕业生会比没有贷款的毕业生更积极努力。这个金额是该报告所给出的平均学生贷款数额。

如果在大学期间学生有学术指导老师，那么他们的生活将得到改善。例如，报告上显示："如果毕业生在上学期间得到某个教授的关注和帮助，使他们对学习产生极大的兴趣，并鼓励他们追求梦想，他们的工作热情将会增大一倍，同样增加一倍的还有他们积极向上追求幸福的态度。"

报告还指出，"如果学生在上大学期间能够申请到实习或兼职，或是能够积极地加入课余活动和社团活动，或是参与到需要一学期甚至更长时间才能完成的项目中，那么他们工作的投入度也有可能会增加一倍。"

换句话说，大学期间对时间的利用的本质和质量——包括学生的专业以及他／她获得学位证书的效率——是最重要的。已被雇用的艺术、人文或社会科学专业的毕业生工作投入度比那些科学或商科毕业的学生稍高。而且，那些在四年之内拿到毕业证的学生比那些花费更长时间毕业的学生工作投入度更高。

但是，鉴于非营利性的特质，高校影响力和选择性对毕业生的满意度影响不大，这一点是大家所没想到的。其中一点比较有意思的是，从规模较小的大学毕业的学生比那些毕业于全日制学生超过一万名的高校工作投入度要低。这个情况可以说成是因果关系或关联关系吗？不好说。对于此项报告和其他类似报告中出现的其他调研结果，这也将是一个很尖锐的问题。

你期待从大学中获得什么。这些问题的答案都迷失在入学狂热症中，而入学狂热症也使这些答案黯然失色，甚至到了毫不关心的程度。但是，这些因素的重要性被本书中的每一位受访的成功人士的经历所强调。这使我回想起彼得·哈特以及他在印第安纳大学期间参加过商业兄弟会并且自己创办了一家普通的房地产公司的经历；回想起珍娜·莱西和她的墨西哥短途旅行以及之后横跨大西洋到异国求学的经历；回想起康多莉扎·赖斯和她积极参与课余活动以及习惯于提前到办公室做准备的习惯；回想起波比·布朗以及她所创立的令她异常兴奋的且前所未有的专业的经历；回想起大卫·卢森科以及他如何从宾夕法尼亚州立大学获得他想要的东西的经历。

我还想到 24 岁的吉莉安·沃格尔，她因没能考上理想的大学而充分利用四年大学时光，并决定将退而求其次的高校当成安慰奖，将之转化成真正的战利品。

布朗大学是她的理想大学，这所大学对她来说也并非遥不可及，因为她在纽约市一家名牌公立高中同年级近百名学生中成绩排名前五。她当时申请了布朗大学提前批次，但被延期了，原因可想而知，因为她的 ACT

精英边缘？人生必须主动争取，成为精英的关键在于：你是如何上大学的

成绩仅为 24 分，而满分为 36 分，她的入学指导老师及其他身边的老师都曾警告过她可能落榜的情况。

在布朗大学给她延期后，她决定给负责录取的人留下好印象，以便能在春季普通批次录取时段被选上。她画了一幅连环画，里面包括了她从第一次申请时起所遇到的教职人员，并将作品寄给了学校。她给学校寄了一封她写给自己的倒霉的 24 分 ACT 成绩的信。

她的信是这样写的："亲爱的考试成绩，我已经注意到了你的平庸。尽管你这个数字是一天的小时数，是一个电视剧的名称，还是 3 乘以 8 的得数，然而作为 ACT 成绩，你并不理想。我对你的概念仅停留在一个周六早上朦胧的记忆，因为这已经是很久以前的事了。"她当时还写道，"我无法预知你会代表什么，以及你会有多大权力来决定我的命运"，信中还对这种权力提出异议，并辩称她的思想和能力并不能凝聚在这区区两位数中。信的结尾，吉莉安请十二位教过她的老师签名以示支持。她写道，"这十二个签名，补足了那十二分"，也就是她所得的 24 分与满分 36 分的差距。

布朗大学还是没有录取她。明德学院、塔夫斯大学和埃默里大学也没有录取她。她对我说："我感觉被遗弃了，

我从没有过如此的挫败感。"最后，她要在佛蒙特大学和北卡罗莱纳大学之间做选择。她决定前往南方，觉得教堂山才是她的福地，不过她依然为其他地方的拒绝而感到伤心。

她化悲伤为动力，并付诸行动。她积极地寻找有趣的课程，有些课强度很大，有些课则很新颖，她火速加入到这些课程当中。其中英语系最受欢迎的一个研讨会，是关于对一种叫格拉玛（译者注：Gram-o-Rama）的风格和用法的探讨。这门课每学期只有 12 个到 15 个学生名额。选择这门课的学生为展现语法和文字游戏微妙之处的表演艺术写歌、编舞、编排短剧。据悉，这门课是为那些主攻创意写作方向的学生准备的，而吉莉安读的是通信专业。但是，她去见了教授，并恳求其允许她加入，她的方法奏效了。

她还提交了一篇精心撰写的关于成长过程中的饮食的文章，并想方设法地加入一门为荣誉项目学生开办的关于食品科学和食品文化的讲座课程，而她甚至连荣誉项目的边儿都沾不上。因为该课程仅有 15 个名额，且教材非常之多，有百科全书般的教学大纲，囊括了从捕捞过度到肥胖症等各个方面的书籍、杂志和报纸文章。该

精英边缘？人生必须主动争取，成为精英的关键在于：你是如何上大学的

课程会邀请客座名人讲师，并组织学生每周到校外的教授家与大家共进晚餐。课程最后，大家还会一起到旧金山湾区进行为期五天的旅行，参观旧金山几家最著名的餐厅并参观纳帕谷的葡萄庄园。

吉莉安说，如果她想在北卡罗莱纳大学收获一段不凡的经历或是得到学术上的进步，"我一定能找得到。只要多付出点努力就好。在这里，我感到很满足，但是，我要拼尽全力。我决不能消极应对。我必须主动出击。"毕业之后，她把这种积极进取的精神带回纽约，并带入到找工作中，最终，她被高校幽默公司（译者注：CollegeHumor）聘用，负责人才招聘及人才培养。高校幽默是一家在线娱乐公司，专门制作和收集幽默短片、动画和文章。其受众群体是年轻人。

之后，她依然保持着这份进取的态度。这种态度在她恳请到布朗大学就读时已经充分体现。当她没能收到布朗大学的录取通知时，我怀疑这个结果更多地与其过往经历有关，而与她毕业于哪所学校无关。一所大学能做的最好的事情就是将学生带入到这种积极的状态中，然后在学生毕业离开之后，使这种状态转化成学生自身所具备的能力。北卡罗莱纳大学不仅做到了，而且教会她或者对她重申，如果积极努力地争取并坚持不懈的话，其实一个人可选择的道路比当初认为的要多。

实际上，在北卡罗莱纳大学读书期间，她发现并充分利用了大多数同学忽视的资源：如果附近的杜克大学有与她所学专业相类似但北卡罗莱纳大学并未提供的课程，要是名额充足的话，她会申请参与该课程。所以，她在杜克大学参加了一门名为当代纪录片制作的授课类课程。她说，这门课很棒，因为很多知名的纪录片编导愿意给将近一百五十名学生做演讲。

然而，她说，许多学生根本不专心听课。她回忆道："教室里的每个学生都开着电脑，挂在脸书网页上。我好想问问他们：你们在干吗？讲台上正有人在演讲。"她感觉到，杜克大学的学生已经对这种北卡罗莱纳大学学生很珍惜的宝贵机会感到习惯甚至麻木。

她对我说："也许我关注了这些情况。但是，当我坐在那里的时候会冒出这样的想法：各位，请不要视其为理所当然。"

Chapter 8
Strangled with Ivy

第八章
**失去灵魂的常春藤光环：你想
成为思维活跃的人，还是只想
做个会工作的员工？**

"校长们、系主任们和教授们很少直接告诉学生简单的真理，例如，如果不经思考便做决定，那么即使是通过运筹帷幄和勤奋努力考入理想中的大学，也并不一定能引领你走向有意义的人生。"

——《失去灵魂的卓越》
哈佛大学本科生部哈佛学院前任院长
哈利·刘易斯
2006 年的著作

在就读精英学校的好处没有受到应有的质疑的同时，其不利因素更是鲜少被提及，个中原因恐怕还是因为很多人想象不到去精英学校读书会有什么坏处。威廉·德莱塞维茨就能想到。过去十年间，他将相当一部分时间都贡献给发现和解释这些不利因素上。他做这件事虽然有冲动的成分，但也是站在一定的立场上，并对研究结果很有信心：自1998年至2008年，他在耶鲁大学教英语，这之前的六年，他在哥伦比亚大学当研究生导师。他的本科、研究生和博士（英语专业）学位都是在哥伦比亚大学取得的。换句话说，他是在常春藤大学摸爬滚打出来的，只是他自己的讲述并没有这么玩笑化。

2008年从耶鲁大学辞职之际，他在《美国学者杂志》上发表了一篇名为"精英教育的弊端"的文章。在文章的开端，他总结道："我们最优秀的大学似乎已经忘记，它们存在的原因是培养思维活跃的人，而不是会工作的员工。"这个观点是《优秀的小羊》一书灵感的源泉，在2014 年 8 月该书出版之日前，《新共和国周刊》发表了该书的简介。杂志甚至用吸引人注意的语言来表述德莱塞维茨的观点，因为杂志喜欢哗众取宠。简介中的标题这样写道："不要把孩子送到常春藤盟校"。言辞斩钉截铁，毫无退让。副标题精明地带入了时下最流行的文化趋势，并出言警告道："全国最顶尖的大学正在把我们的孩子变成僵尸。紧闭大门祈祷吧。他们已失去控制——成了来自哈佛福德学院的肉食部落和来自威廉姆斯学院的行尸走肉。"

德莱塞维茨所执着并牢记于心的，是我在前文中提到的几个主题。例如，当探究丽贝卡·法布罗对耶鲁大学的不满情绪、霍华德·舒尔茨对北密歇根大学的肯定以及《华盛顿月刊》所提供的高校评估背后的理论支持时所提及的：对高等教育的期待远远不只是高薪工作的跳板；学生群体由 SAT 成绩或 ACT 成绩优异的男生女生构成的精英学校，这一情况并非最令人欣喜。这些主题并没有对现存的偏见和已过时的想法提出挑战。其原因主要在于，有大量的学生通过津贴和激励等相似的途径进入精英学校学习。

"我所说的精英教育，不仅指像哈佛大学、斯坦福大学、威廉姆斯学院以及更多声望稍差一些的顶级学府等声名显赫的高校，还指那些可以通往声名显赫的高校的私立高中及资金雄厚的公立高中；那些蓬勃发展的家庭教师、顾问、考试辅导课程行业；那些像龙一样蜷伏在成年人入口的大学申请过程；那些在获得文学学士之后的考入名牌研究所的机会和就业机会，以及那些将孩子推入机器腹中的中上层阶级家庭和社区"，德莱塞维茨在新共和国周刊这样写道。

在美国《学者杂志》中，他这样写道："精英学校因其多样性而自豪，不过这种多样性几乎是针对种族和民族而言。至于社会阶层，这些学校大部分都具有单一特质，而且这种特性还在逐年递增。"他还补充道，因为学校同样"培养自由的态度，它们把学生置身于一个矛盾的位置，一方面想要为工薪阶层发声，另一方面又无法与任何一个工薪阶层的人进行交流。"他引用 2000 年民主党总统候选人阿尔·戈尔和 2004 年民主党总统候选人约翰·克里的话："这两人分别来自哈佛大学和耶鲁大学，同样真诚、得体和聪明，却也同样对如何与广大选民交流一无所知。"他们的后来人巴拉克·奥巴马或多或少知道一些与选民们的沟通技巧，但是，他的常春藤盟校之路并非荆棘密布，因此，他并没能与工薪阶层的美国人产生自然的阶级友谊。他高中毕业于檀香山的一所私立学校——普纳荷学校，这所学校无疑是夏威夷地区最知名且地位最重要的高中。

德莱塞维茨发现，精英学校的学生比较自负，因为他们经常被评价为天之骄子，考入名校也证明了他们的特殊性。他写道："精英学校默许的自学生收到厚厚的录取信开始就产生的自鸣得意和沾沾自喜是有问题的。从新生接待到毕业典礼，这种信息无处不在，它存在于每个老派的传统中、每篇学生论文中以及系主任的每一次演讲中。这个信息就是你已经到了精英学校，欢迎加入精英俱乐部。未来很光明：你能考上这所高校，便理应得到你想要得到的。当人们说起精英学校的学生都有些自以为是时，意思是这些学生认为他们理所当然地应该比其他人获得的多，因为他们的 SAT 成绩更高。"

如果你觉得这种想法有些夸张，我想给各位看一封劳伦斯威尔中学的录取信。这所中学是新泽西州的一所预科学校，为常春藤盟校输送生源并预示着名校之路的

顺利。其脸书上发布的录取信吸引了我的注意。2014 年
3 月 10 日，该信写道："这一刻，通往决定你今后生活
质量的教育之路的大门已经打开。欢迎来到劳伦斯威尔
中学。欢迎成为劳伦斯威尔人，并开启你的人生新篇章。"
之后，信中赞美了"学生所拥有的超强的平衡心态"，并
向被录取的学生提问道，"你准备好了吗? 我们认为答
案是肯定的，当然你将来的同学也已经做好准备。"这
封信让人心潮澎湃。热血沸腾。

德莱塞维茨表达了他另外的想法。他说，在精英学
校里，你会发现"一种对校友关系的自我保护，即便现
在已经把女生加入进来，"这也就意味着，所有人都面
临着前所未有的挑战并承担史无前例的重大责任，而多
数学生也已经适应了平庸的自满。他说，这一点可以从
在总统竞选中打败戈尔和克里的乔治·W.布什身上看到，
他是耶鲁大学（本科）和哈佛大学（商学院）的双料毕
业生。

德莱塞维茨的抱怨并没有到此结束。还令他感到苦
恼的是，精英学校的学生缺乏想象力，并且对职业发展
的规划毫无新意。这个情况对名校情结的程度非但没有
减轻，反而使之更加深入学生的心。他还声称，普林斯

顿大学或耶鲁大学的学生群体毫无例外地都是尖子生，他们只知道不断地成功，主要是因为他们不断地接受训练，以便能熟练掌握精英教育的价值体系，结果导致他们的身体可能非常虚弱，而不是身强体壮。

波莫纳学院前任招生办主任布鲁诺·波什说："我想，从长期结果来看，我们真的给学生们带来了负面影响。"他所指的是那些最终进入精英大学就读的孩子从少儿时期便开始在他们紧张兮兮的家长永不停息的监管下向这个方向努力，他们被灌输这样的思想，即好的工作和满意的人生与大学息息相关。"这些孩子并没有做好失败的准备。在波莫纳学院，让我感到很紧张的一件事是，这些孩子除了成功什么都没有。有些孩子脆弱得令人难以置信。父母的保护和学生训练营成为他们实现人生唯一目标的助推力。"这个目标就是一所顶尖学校。一旦目标实现，他们就变得呆若木鸡，随波逐流。

他们从其他人身上搜寻线索，并坚持按照自己所认同的剧本发展，因为至今为止，他们一直在学着怎样照本宣科。第一幕是录取，第二幕是选择一个精英学校中有价值并将印在学位证书上的专业领域。这个领域会在失去灵魂的常春藤光环：你想成为思维活跃的人，还是只想做个会工作的员工？

将来成为有不菲收入的保证。他们躲避危险，因为他们无法承受失败，他们严格按照剧本发展。

在《优秀的小羊》一书中，德莱塞维茨为一大部分考入最顶尖高校的年轻人描述了一种很流行的发展趋势，即经济学专业学生毕业后会进入财务或管理咨询行业。他写道，20世纪90年代中期，在《美国新闻与世界报道》评选出的全国综合大学前十名及高校前十名榜单中，经济学仅在每个名单中的三所院校中最受追捧。然而近年来，经济学已经成为排名前四十的顶尖高校——即20所顶尖大学及20所顶尖学院的结合——中的26所高校中的最受欢迎专业。他还写道，同样也是近年来，哈佛大学几乎一半的毕业生、宾夕法尼亚大学超过一半的毕业生都进入了金融与咨询行业，而康奈尔大学、斯坦福大学及麻省理工学院超过1/3的毕业生同样也进入上述两个行业发展。据他报道，2011年，仅就金融行业来看，就有超过1/3的普林斯顿大学毕业生。对为数不多的几个专业的关注意味着对其他更多专业的忽视。他在《优秀的小羊》一书中写道："从大众视野中消失的领域包括：神职人员、军事、选举政治，甚至是学术领域本身的大部分研究方向，包括理论科学。"想象力的缺失和害怕成为试验品的想法限制而非增加了学生的发展机会。

2014 年 5 月，三位研究人员在一篇小研究中表达了同样的观点，这个研究最初的名字叫好项目，研究地点在哈佛大学教育学院。作者采访了 40 名大四在读的 2013 届本科班毕业生。他们将哈佛大学的教育总结为具有"漏斗效应"。

作者写道："尽管学生在上大学前有着不同的兴趣爱好，到了大四，他们中的大多数似乎都专注于固定几种类型的工作。哈佛大学的校园文化似乎被追求高收入的、体面的工作所主导，特别是咨询行业。"学生认为，只有某些特定的工作才与"自己的学位匹配"。

作者注意到，其中一名大四学生有些教书经历，而且很喜欢教书，但是她没选择留在课堂，而是决定"在一家教育 - 咨询公司工作"，因为感觉上这个工作"与其他同学所选择的工作更类似"。另外一名学生对珍藏本书籍和稀有物品疯狂迷恋，并曾写过一篇关于"二战"珍宝的论文。毕业后，她进入一家医疗软件公司工作。

这种模式并不单单存在于哈佛大学。安努舒卡·谢诺依 2008 年毕业于哥伦比亚大学，她告诉我："我从没失去灵魂的常春藤光环: 你想成为思维活跃的人, 还是只想做个会工作的员工?

想过学经济学以外的专业, 也没想过进入银行业或咨询业以外的行业。"这也是她哥伦比亚大学的同学所渴望的未来和所努力的方向。这就是流行趋势。她说, "除了知道管理咨询行业很难之外, 我对其一窍不通。我的想法是, '好吧, 那就试试吧!'"

她在贝恩咨询公司 (译者注: Bain & Company) 找到了一份令人羡慕的工作, 并搬到旧金山为这家管理咨询公司效力。但是几年后, 她意识到她对自己的工作没有热情, 回想起来, 她在哥伦比亚大学读书的时候, 从来没有停下来认真思考她的兴趣所在。大学四年时光匆匆, 来不及思考, 好似没有时间也不允许去遐想。一旦她停下脚步认真思考, 她便改变了人生方向和方式方法。如今, 28 岁的她在位于波特兰的医学院校俄勒冈健康与科学大学就读, 她比以前更开心了。

谢诺依在哥伦比亚大学就读期间的体验以及三位研究员经过在哈佛大学的调研而做的有关 "漏斗效应" 的文章都成了作者胡诺特·迪亚斯所提到的 "大学商业化成为一个很昂贵的行业" 的一部分。胡诺特·迪亚斯曾因其小说作品《奥斯卡·瓦奥短暂而奇妙的一生》在2008 年荣获普利策奖, 并在四年后获得麦克阿瑟基金会

"天才奖"。我联系了他，主要因为他毕业于州立大学罗格斯大学，并曾表达过他对该校的深深敬意和无限热爱。但是，他对高等教育及如今的名校狂热的理解有一个独特的优势，因为他曾在国内最顶尖的大学之一——麻省理工学院工作过。他曾在那里教创意写作长达十二年。

46 岁的迪亚斯说道："大学与工作直接相关这个想法已经成了金科玉律。我上学的时候，的确，大学可以帮助学生拿到工作，但是，大学经历还与人生及无关乎市场的教育方式有关。现如今，我的大部分学生都因受到市场现状的影响而感到痛苦、苦恼和难以忍受。学生到满足自己虚荣心的高校求学，这个想法是荒谬的，而在我看来，更是令人心碎。"

他所探讨的是高等教育整体——他在雪城大学和纽约大学两所高校教过书——他的发现与关于全国几百所高校的大一新生的年度调查结果相吻合。这个调查由加州大学洛杉矶分校的高等教育研究所开展，调查结果显示，在过去的半个世纪中，学生们优先考虑的事情已经发生了巨大转变。例如，在 20 世纪 60 年代中期，只有 42% 的大一新生表示，能够"赚更多的钱"是他们考大学的一个"非常重要"的目标。在 2014 年 3 月发布的调查结果显示，这个数字增大至超过 73%。在 20 世纪 70 年代中期至 2014 年，认为上大学是一个"非常重要"的找到更好工作的动机的新生比例由 67.8% 上涨至 86.3%。而同一时间段，认为培养有意义的人生哲学非常重要的学生比例有明显下降。

但是，迪亚斯所说的这种特殊文化，出自麻省理工学院的学生，也就是他提到"大多数学生"时所指向的学校。他说道："我亲身经历了这些事，这简直太疯狂了。"

迪亚斯是一位来自多米尼加共和国的移民，他在穷苦大众及工薪阶层的包围下长大。这些人生活艰辛，从没受过高等教育。他说："我所成长的社区旁边就是新泽西州最大的垃圾填埋场。罗格斯大学帮助我办理了可以到世界各地的护照。"我是通过朋友的妹妹穿在身上的印有自己学校校名及标志的 T 恤知道这所高校的。这所高校也成了迪亚斯的希望、一个对更好未来的保证和一个强烈的愿望。他说，"对于工薪阶层的孩子而言，这所学校就好比是金矿。"

这所学校拒绝了他，至少在他第一次申请的时候。上高中的时候，他的成绩不够好，所以他在新泽西州友联市的基恩学院（现为基恩大学）读了一年，也通过这一年向自己和罗格斯大学证明他可以做到更好。大学第二年，他转学到了罗格斯大学，主修英语。他住在一个受到热爱写作的学生欢迎的宿舍里。他还做过加油站员工、洗碗工等兼职。此外，他还见识到了一个大千世界。是真正的社会。

他说："我从没见过女权主义者，也没见过激进分子。我从没见过坦诚出柜并且与其他同性恋组成团体的男性。所有这些事情，我之前从没有机会接触。在进罗格斯大学之前，我的人生就如同黑白电视，亦好比是电影奥兹国的魔术师在彩色片段出现之前的开篇几分钟。"

麻省理工学院是色彩斑斓的彩虹吗？其他精英学校是吗？

迪亚斯并不这样认为。

他说："如果你注意观察我的学生的家庭背景，你会发现这些学生的背景差别不大。他们的背景具有多样化。但是这种多样性与我在罗格斯大学所经历的多样性完全不同。在罗格斯大学，有的学生够格上常春藤盟校，但是他们的父母并不想花费太多，还有像我一样的移民学生。麻省理工学院的多样化程度要狭隘很多。"

他的看法与波什相似。他说道，当观察麻省理工学

第八章
失去灵魂的常春藤光环: 你想成为思维活跃的人, 还是只想做个会工作的员工?

院以及其他位于马萨诸塞州剑桥市的名牌大学的大多数学生时, 他所看到的是"脆弱的优秀"。这些学生接受训练, 要在考试和论文中取得优异成绩, 而不是面对无法预测和百感交集的人生。他们中的许多人来到麻省理工学院, 是为他们决定要从事的事业做好充足的准备。他们追求的是一纸文凭, 这个文凭是他们一直以来被告知所需要的。他们在执行原计划。大学能够帮助他们实行计划, 使他们变得更自我而非受到挑战, 因为精英学校——或许是全部高校——最终还是逃不出生意范畴。

迪亚斯说: "客户进入高校, 就像是夹在汉堡里的酸黄瓜。他们来的目的不是让学校颠覆一切的。"

也许我很幸运, 因为我普林斯顿大学的学生并不像德莱塞维茨所发现的大部分耶鲁大学学生那样没什么求知欲。有一名学生学习了波斯语, 并计划实施了一个有野心的、长达数月的沿着原丝绸之路的暑期背包之旅。她做这些并没花父母的钱, 她的父母也不富裕; 同样也不是为了吸引招生办的注意力, 因为她已经得到关注; 也不是为了心里已经想好的职业发展, 因为她还没决定从事哪一行。她只是单纯地想要做这些事而已。

　　还有一名想要进华尔街并熟悉普林斯顿大学吃货俱乐部运作模式的学生已经读过一大批小说类及非小说类书籍，这些书籍是他感兴趣的而不是随便读读，其内容涵盖：畅销惊悚小说、关于食物的书、乔纳森·弗兰岑和大卫·福斯特·华莱士自传。另外一名学生的毕业论文详细、深刻、文笔优美，我都不知道该如何评分，或者我宁愿送上全部的恭维赞美之辞。在学业上，她已经得到全 A 的好成绩，而且也已经在即将毕业之际找到工作，但是，她对论文题目十分着迷，也决心要成为相关方面的专家，并为完成优秀作品而努力钻研。

　　我班上的十六名学生同样也没那么脆弱，尽管他们没有我想象中那么具有批判性。难道将负面反馈消化并转换成正面能量不能算是教育的新陈代谢吗？难道高校不能让你学会谦卑之道吗？

　　普林斯顿大学的教育方式似乎有更明确的设计，以便给予学生鼓励和支持。我之前没采访过迪亚斯，直到学期结束后很久才这样做。但是，当我在普林斯顿大学教书的时候，客户这个词会经常出现在我的脑海中。从我正式进校园的一刻开始到我离开普林斯顿大学，我所得到的信息就是，学生都是我的客户，而且，我经常被告知我对学生有亏欠，所亏欠的内容包括清楚明确的解释以及对他们的全力支持，而学生并不亏欠我——他们的教授。

当我得到指示对给学生 A 不要太过慷慨的同时，也被告知不要给学生 C。如果学生成绩下降到 C+ 或 B-，我需要及时了解情况并采取措施。很可能出了什么差错，无论学生成绩是否能提高，或是课程设计和指导方法并不十分奏效，发现症结所在都是我的责任。我曾发现一名学生作弊，而当我向其他教授提出这个问题并寻求解决方案时，却被问道是否强调并清楚讲明课堂纪律及作业要求。而他们也鼓励我给学生重考的机会。

我班上的大部分学生我都非常喜欢。他们很热心，又懂礼貌，有些更是魅力四射。但是，也有很多学生拘泥于形式，这一点让我很沮丧。他们想要知道某个作业中的采访任务最少数量是几个。他们想确切地知道，如果他们的一篇论文得到了 B-，那么他们要如何做，下一篇论文才能得到 A-。他们似乎正在把他们的努力标准化，并确保努力能够有成效，他们关注具体的分数而不是其他更重要的东西。我希望他们能少些狡猾而多些真诚。

　　我在很多方面都很敬畏普林斯顿大学。这所高校是一个华丽的天堂，风景优美，人才济济，并有很多享誉世界的院系。但是，有时我会被大多数学生对这些财富的无视，以及对常春藤盟校学生成为这个冷漠社会中受宠爱的居民的刻板模式感到不安。

　　我了解到，其中一个吃货俱乐部组织了一个异常喧闹的啤酒派对——"州立之夜"，背后的想法是在这种简单的场合下，参加派对的每个人就仿佛在州立高校一样。主办方鼓励他们穿上印有此类高校名称的 T 恤或运动衫——我很确定迪亚斯的母校罗格斯大学也包括在内——尽管有些学生会穿着印有常春藤盟校名称的衣服，因为他们觉得这些学校撞衫的机会小，他们可以开玩笑地将这些大学也称为公立学校。另一个吃货俱乐部组织了"泰坦尼克之夜"，参加派对的人被分配到不同等级的船上——如低等舱等——并被告知要穿上他们认为船员会穿的服装。

　　但是，最让我吃惊的是我在自己的研讨会上所看到的，该研讨会的主要内容是关于美食方面的写作。研讨会共有 16 个名额，有超过 45 名学生进行了提前注册。在这种情况下，学校请他们写申请信进行自我介绍和并阐述他们对课程的兴趣所在，然后由教授决定谁可以加入课程。我怀着喜悦和兴奋的心情读了他们的申请信。这些孩子很成熟、善于表达，也很有热情。

随着课程的进行，我发现这 16 名学生中，有超过一半的学生并没有写过任何关于课程的内容，以展现他们在申请信上所表现出的热情和欣喜。我把这件事和普林斯顿大学的其他几位全职教授提起，他们毫无意外地全部认同。他们向我解释了普林斯顿大学学生所擅长的全心投入，这件事可以从他们能够考入普林斯顿这所录取率仅为 7% 的大学证明，这些孩子从大学入学狂热症中所得到的信息是，考入名校、打败对手就是最主要的目标和最首要的成就。为了这个目的，你要发挥最好的自己，摆出最美的姿势，而不用去关心之后会怎样。

这些全职教授还指出，华尔街就是这些普林斯顿大学毕业生最通常的目标，因为找到最令人羡慕的工作属于同学间的竞争，和大学录取的难度不相上下。这个目标使得他们的大学四年有了计划、规划和目标，如果一切顺利的话，这将指引他们通往一个更加灿烂的未来，也能因获得其他同学没能取得的成就而感到满意。

一名没参加我的研讨会、也不想被定性的普林斯顿大学学生告诉我，他对未来从事金融行业毫无兴趣，这让他感觉很失落，因为在他考入普林斯顿大学的路途中，他从未停止对毕业之后的事业方向的思考。他只知道，他要努力考入普林斯顿大学。他说，在他如愿以偿之后，他感觉到明显的懈怠和动力的缺失，"我的许多朋友都跟我有相似的经历。上高中的时候，大家的目标都是考大学，也是全部精力所在。一旦考上大学，事情就变得微妙起来。我有种感觉，我投入了大量的精力去实现目标，一旦目标实现之后，反而有些无所适从。"

布鲁斯·波什问道："电影候选人的最后一句台词是什么来着？"他说的这部电影是由罗伯特·雷德福主演，是一部关于过程战胜物质，形象战胜真相的政治题材经典片。影片结尾，雷德福所扮演的角色虽然赢得了竞选，却有些迷茫，他问智囊团接下来会发生什么。波什回忆道，"所有关注点都是赢得竞选，赢得竞选，拼尽全力地鞭笞自己前进，成功之后发现反而不知道该做些什么了。"他说，那些竭尽全力考入精英学校的孩子也有类似的情况。

我把这个想法告诉艾姆赫斯特学院前任校长安东

失去灵魂的常春藤光环：你想成为思维活跃的人，还是只想做个会工作的员工？

尼·马科斯后，他沉默了 15 秒钟。我不太清楚他是不是在思考是否认同我的观点，抑或是在斟酌如何回应。最后，他说道："这一点将如何影响美国人的价值观会是个有意思的课题。如果我们的精英在某种程度上是由这种疯狂的大学入学过程培养出来的，那么这是否也意味着，我们在打造一种销售过程比产品重要的文化？"

在这种疯狂行为造成的众多令人不安的后果中，这只是其中的一种。孩子们将自己投入其中，并了解到，或者说是说服自己相信，他们必须获得特别的高中成绩记录——包括参加很多门预科课程、参加很多课外活动、有一个难忘的暑期兼职工作、有他们深深喜爱的研究领域——无论这些他们是否真的感兴趣，无论这是真实的自己，还是表演出来的。表演出来的也没什么问题。

威斯康星大学主校区招聘与宣传处副主任安德鲁·菲利普斯说："我们花了太多的时间讨论包装，即大学期间努力的真正诀窍在于被包装。"对真实性的关注太少也导致了这样一个并不可靠的结果的出现。

人们一直谈论着申请者的花招、申请者建立的关系网、招生办公室所喜欢的和会被轻信的信息，这使得太多学生感到被鼓励甚至被逼迫而不得不拼尽全力："找枪手、美化证书、鬼话连篇。学生得到的信息是，我不能自己完成，我分量不够。"教育保护公司（译者注：Education Conservancy）的总裁罗伊德·萨克如是说。这是一家非营利性企业，致力于改变入学过程并使其恢复平静。

他说："这种入学过程有害的证据在于其累加效应。"他是在暗指全国随处可见的作弊丑闻，包括那些正在进行高考的学生和那些已经上了大学的学生。他回忆道，"几年前，我在华盛顿贝尔维尤的一所学校演讲，题目是比尔·盖茨的商业版图。我探讨了在应对教育系统时的不良行为。听众都鸦雀无声。随后，大学顾问告诉我，两星期前，有几名学生冲进校长办公室，试图修改他们的预科课程成绩。随后，其中一名学生的母亲问学校的顾问，'你会因为这件事修改你为强尼写的推荐信吗？'"

从他和其他人那里，我一直听到同样的解释：如果你将某些特定的标准看成是决定孩子未来的因素，如果你将这些标准看得太过重要，如果你太过于关注这些标准，难道你不是在从本质上教育孩子们要从这些衡量标准上去定义和看待自己吗？这种标准难道不会太简单，难道不会让孩子们因太多关注自己而失去了对外界社会的关注吗？

新泽西高中一名 17 岁的高四学生洁斯·斯沃曼充满疑惑地对我说，"跟我同一年级的同学——那些'聪明的'孩子——依照自己的分数评价自己是否成功。他们把对一切事情的衡量标准都缩小到那个两位数字上，并根据测验成绩曲线来描绘他们的幸福度。这件事成为我反抗的目标。要依赖于一个数字，这件事让我感到很恐惧，因为这不是真正的我。"但是，她补充道，她周围的氛围却希望她变成这样。

我对大学入学所造成或认可的按序录取标准给予同样多的担心。顺序这个概念根深蒂固且普遍流传，即使是对其持强烈反对意见的德莱塞维茨也陷入其中，这一点可以从我上面引用的一段话中看出，即"像哈佛大学、斯坦福大学、威廉姆斯学院这样的顶尖学校以及其他'等级稍低'的大规模精英学校。"引号里的字是我自己加上去的，用来指出即使在录取率方面，也有很多分级和等级。从这些细分分类中，孩子们列出"志愿学校"和"垫底学校"的名单，有梦想也有退路。他们对某些学校怀有憧憬，也会退而求其次地选择在其他学校就读。

他们对自己最终考入哪所学校十分敏感。这一点可以从一封发表于 2012 年的信中看出。信的发表是作为对《泰晤士报》一个专栏的回应。这个专栏作家是安德鲁·德尔班科，他是一位哥伦比亚大学美国研究专业的教授，同时也是《大学：过去、现在和将来》一书的作者。德尔班科写道，精英学校会培养自我满足这种说法是"尚在胚芽中的真理"，他还表达出希望这些学校能"鼓励学生有更谦卑的态度和少些自视甚高"。

"尚在胚芽中？"信件的作者问道，"他是否参加过有常春藤盟校参与的体育活动？这些常春藤盟校的学生反复朝对手大喊'垫底学校！垫……底学校！'"

阶级意识也出现在我与康奈尔大学心理学专业的高级讲师哈利·西格尔的对话中。他的意见是，现如今，大众及孩子们忽视了他们本身的幸运之处，而一味地去关注别人的幸福。他还察觉到当代美国社会对很多事情都进行了不必要的区分。他告诉我，因为他对这些习惯很着迷也很好奇，所以他会按照惯例，给他所带班级中最大规模的授课类课程上的二百多名学生提出一个问题。他会问，有多少学生因为没考进哈佛大学或耶鲁大学而感到遗憾。

他对我说："班上有大约 60% 的学生都举了手。至于那些没举手的孩子？我不相信他们不愿意上更好的学校。"

　　这个课程的授课对象是大二、大三和大四学生。大学入学过程对他们来说已经是几年前的事了。而且他们也正在常春藤盟校读书。然而，他们还是会幻想其他的可能性，也会思考他们在这个社会构建的荒谬的大学阶层中的准确位置。

Chapter 9
Humbled, Hungry
and Flourishing

第九章

**谦逊、渴望与成就：将遗憾
转化成勇往直前，你将获得
一个重塑自我的机会**

"无论何时，当我做毕业典礼致辞时，我都会告诉学生：没错，没错，毕业院校的大名的确可以帮你打开一扇门。但是最后，命运还是掌握在你自己手里。我知道这是老生常谈。但是我想，有时候，那些考入常春藤盟校、剑桥大学或牛津大学的最最幸运的孩子都有些自命不凡，而我不认为自命不凡会对事业有帮助。"

——克里斯汀·阿曼普
美国有线电视新闻网主持人，罗德岛大学 1983 届校友

贾斯汀·德·贝内迪克提斯－凯斯纳绝不会撒谎。当2007年秋季抵达威廉玛丽学院时，他并不认为，"这所学校最好"，也不相信一切都是最好的安排这种积极向上的陈词滥调。

他当时充满怀疑，也很苦闷，他说："这所学校是我的垫底学校"，却依然因为考不上其他高校而感到刺痛。尽管威廉玛丽学院在《美国新闻与世界报道》所发布的全国大学排名中一般排在前五十名，但这所高校并不是像他那样的预备学校毕业生理想的学校；在埃克斯特中学他所在的班上，只有两名同学将会与他一起到威廉玛丽学院就读，比到常春藤盟校就读的学生少很多。他说："我刚到学校的时候是一个单纯又有些傲慢的新生，准备要在班上大放异彩并全面参与校园活动。"对于当时的想法，他现在觉得很羞愧。

他在加利福尼亚州伯克利长大，到埃克斯特中学读书是因为他父亲多年前曾去过那里，而且他还能拿到足够负担他全部费用的奖学金，这笔费用他的父母负担不起。高中三年级伊始，对于上哪所高校的讨论开始了。

他说，"我的同学们把目标集中在科学领域"，并解释道，学校大约有 8 名全职大学顾问，每名学生被指派一名顾问，就"如何选课，你可能会喜欢什么样的课程，是否应该关注分数或培养领导能力的活动"等方面为学生提供建议。在他和同学们开始为选择大学伤脑筋的时候，校外人士肯定地告诉他，他一定会给高中时代画上完美的句号。贾斯汀回忆道："他们会说，'哦，你在埃克斯特中学读书啊？那可是生源学校啊，所以你肯定能考进哈佛大学、耶鲁大学或是普林斯顿大学的。'我爸也这样认为。"

贾斯汀没有申请上述三所名校，而是申请了达特茅斯学院、明德学院、塔夫茨大学和史瓦兹摩尔学院。他说："我很喜欢达特茅斯学院。作为备选，我还申请了凯尼恩学院、威廉玛丽学院和位于加州的几所州立学校。"在收到各学校的录取信和拒绝信后，他最终可以在加州大学洛杉矶分校、加州大学圣地亚哥分校、加州大学戴维

斯分校、塔夫茨大学、乔治华盛顿大学、凯尼恩学院和
威廉玛丽学院之间选择。这些高校中，目前最吸引他的
是塔夫茨大学。这所高校在东北部地区，是他的大多数
朋友会选择的学校，也是埃克斯特中学的学生惯常会选
择的高校。但是，威廉玛丽学院、乔治华盛顿大学、凯
尼恩学院所提供的资金支持都没能像威廉玛丽学院那样
多，他说，"我父母坚持不让我为上大学而贷太多款。"

"我搭乘火车前往塔夫茨大学，因为我已经铁下心要
到这所学校读书。"他回忆道，"我想要读发展心理学专
业，并在那里进行专业研究。我去了学生资助办公室。
他们将资料拿出来：这是你的家庭情况，这是我们不能
给你提供财政资助的原因。我深深地记得当时我坐在椅
子上痛苦不堪。除了没坐在地上，我几乎已经跟乞求差
不多了。"

所以，就是威廉玛丽学院了。虽然他是带着遗憾到
那里的，但是他已经足够聪明实际，能试着将遗憾转化
成勇往直前。他说，"这种失望的情绪激励了我"，并决
定将威廉玛丽学院看成是属于自己的旅途——虽然不是
他想要的，也不是他计划的，但也算是一趟有价值的短
途旅行，一个有独特价值的旅途。

因为威廉玛丽学院相对较小，他没有感到害怕，并且注册入校。他参加了社团活动——像赛艇队等。据他自己估计，他在埃克斯特中学只是个"普通的赛艇手"，因此，他并没下定决心在大学继续这项运动。但是，威廉玛丽学院的赛艇队愿意广纳生源。

他说："作为大一新生，我有机会能加入校队，并在我喜欢的运动上更上一层楼，这简直太妙了。在其他学校，这件事不可能发生。最后，在离开校队前，我做到赛艇队队长一职。我甚至还为学校筹集了很多资金，用来建造船库。"

在威廉玛丽学院这个舞台上，他成了明星，也成了领导者。他说："我去竞选加入学生荣誉委员会。"他成功被选入，也因此花了几年时间在判定像剽窃等违反道德的行为上。他很喜欢做这件事。"我了解了很多种人的思维模式"，他这样说道。

在政府学与心理学课上——他同时主修两个专业——他发现自己成绩优异，教授注意到并且表扬了他，并为他提供了更多机会。大一期间，一位心理学教授邀请他在暑期为一个研究项目帮忙，他欣然接受。后来，又有一位教授邀请他参与到另一个研究项目中，实际上是雇用他。教授付给了他工资，并且写了一封盛赞他的推荐信给研究生院。

贾斯汀说："我在这里学习是为了它。"这个它指的是麻省理工学院，他想在那里攻读政治学博士学位并在政治学实验室当一名研究协调员。他的学位论文研究方向是地方公共服务和政府责任是如何对公众政治观点产生影响并产生相互作用的。他还说，理论上说，这个研究可以让他在学术界或私营企业找到一份数据分析的工作。他还没想好到底去哪里。

但他十分确定，他选对了路。他很感激在威廉玛丽学院学习的这几年，因为他不仅度过了美好的时光，而且还找到了他认为很适合他的学术和专业方向。贾斯汀从不假设如果他到史瓦兹摩尔学院或塔夫茨大学读书会是怎样的情形，他甚至没有一丝的后悔。

他解释道："如果我到有很多高中同学的大学读书，我能做的事远不如在新环境中能做的事情多。"他说，"去威廉玛丽学院完全就是一个'重塑自我的机会'。"

对有些学生来说，到志愿名单前几位的高校读书不如到其他学校就读；到那些他们渴望的或是错过的名校读书不如到其他学校就读；或是到那些出现在任何学生名单上的出色高校读书不如到其他学校就读。十分肯定这几种说法是不可能，甚至是愚蠢的。学生自己可能对情况做出最差的判断。毕竟，这是一种人性本能，是一种去发展和紧握信念的温和情绪，这个信念就是，被指派或被选定的课程将会是最理想的选择，特别是当备选课程已经不再起作用的时候。后悔无益，许多人会很快投降。如果他们不能选其所爱，那么他们会爱其所选。

但是，有些像贾斯汀一样的学生，他们的确培养出一种自信，这种自信在那些满是成绩优异的、处变不惊的学生的校园中是无法获得的。马尔科姆·格拉德威尔在其作品《大卫与歌利亚》一书中这样表述，他们回避风险，这种态度使得一位布朗大学的学生放弃了她长时间对于成为科学家的渴望。格拉德威尔写道："她是全国最深、竞争最激烈的池塘中的一条小鱼，与其他聪明的鱼同台竞争的经历打击了她的自信心。这种经历让她感觉自己很愚蠢，尽管她一点都不笨。"在一片相对轻松的水域，她或许能逃离目前的自我怀疑的状态。

一些在规模更小、更不出名的高校就读的学生发现，这些学校缺少各种资源的劣势会被那些确实存在的资源的可利用程度所弥补。这是陶德·马丁内斯在密歇根州大急流市凯尔文学院的经历。

在前文中,我曾简短地提到过马丁内斯。他 47 岁,是斯坦福大学的化学教授,(和迪亚斯一样)是麦克阿瑟基金会的"天才奖"得主。一起提及的还有他的观点,即那些在像斯坦福大学这样的录取率为 5% 的高校读书的学生与那些在录取率为 20% 的高校读书的学生在个人能力上差别并不大。他之所以到凯尔文学院读书,主要是因为这所学校是由基督教归正会负责运营,而他父亲曾是归正会的一名传教士。该校目前在校生约有四千人,录取率低于 70%。随后,他在加州大学洛杉矶分校读研,之后在伊利诺伊大学和斯坦福大学任教,所以,他已经透过不同视角观察到了高等教育领域。

他告诉我,在很多像凯尔文学院这样的小规模高校,"你有更多的机会更早地接触到各种设施、设备和教授。"他给我举了个核磁共振(简称 NMR)机器的例子。"多数开设化学项目的学校都会拥有 NMR 机器。但在加州大学洛杉矶分校,我的研究生毕业院校,本科生是不能接触到它的。在凯尔文学院,如果愿意的话,我们甚至可以拆卸 NMR 机器。"他说,这台机器并不是那种运转最快、功效最大、技术最成熟的 NMR 机器。但是，它是属于学生的，学生可以利用它。同样地，他说，有时候这些学校的教授也比其他规模大的高校教授容易接触得到。

小说家约翰·格林是畅销小说《星运里的错》的作者，当他 20 世纪 90 年代末期在位于俄亥俄州甘比尔的凯尼恩学院读书时，他发现这个说法是正确的。这所高校目前约有 1700 名学生，格林告诉我，他在那里认识了很多优秀的教授。其中一位教授的想法一直影响着他。与这位教授的交流对他在毕业之后成为作家起了重要作用。

在凯尼恩学院，格林参加了一门名为小说写作入门的课。课程结束后，他又申请了另外一门更高阶的写作课程，这门课仅有 12 个名额。一共有包括他在内的 16 名学生想参加，他是其中一名，但被拒绝了。他说："我被淘汰了。我当时想，'如果你都不能成为这所中西部地区小型高校里班上 12 名作家中最优秀的，今后如何以写作为事业？'"

弗雷德·克鲁格是格林之前所在的写作课程的教授，但他并不教后来的高阶写作课程，他注意到了格林的反应。格林回忆道:"我什么都没跟他说,他便邀请我去他家做客。他请我坐下,自己给自己倒了一杯威士忌,给我倒了一杯赛尔兹尔牌矿泉水。之后,他说我是一名优秀作家,如果他评价的话,我'绝对是一名 B- 水平的作家'。然后他对我说,我在上课前和课间休息时讲的故事都非常好,如果我能按照讲故事的方式写作,我便可以以写作为生。"克鲁格建议道,格林的问题在于他太过于追求华丽而文学的辞藻,却忽略了用真实的语言表达情感。

这个建议很中肯,也很关键。

格林说:"我需要有人对我的潜力给予肯定,但我同样需要有人告诉我,我为何没能被选入到高阶课程上课。"他还补充道,克鲁格的介入是"远远超出作为教授的责任范畴。"格林坚持翻阅凯尼恩学院毕业典礼上的照片,有时甚至会重返校园。他并不是要看自己当时的模样,而是因为克鲁格教授也在照片里,在望着他微笑。

现年 37 岁的格林说,到凯尼恩学院读书之前,他并不是一名十分优秀的学生,在阿拉巴马州伯明翰市一所最有名的寄宿学校读书时,他的 GPA 成绩仅为 2.9。他说,他的 SAT 成绩"差强人意";很奇怪,他的数学成绩比语言类考试成绩好。他的许多同学申请了常春藤盟校，他不敢。他记得，他当时申请了埃默里大学、格林内尔学院、凯尼恩学院、玛卡莱斯特学院和位于北卡罗莱纳州格林斯伯勒的吉尔佛大学。埃默里大学将他列入等候名单，玛卡莱斯特学院拒绝了他，剩下的学校都录取了他。他说，当时凯尼恩学院的录取率超过 50%。现在，其录取率在 35% 至 40%。

他笑着说："这所高校没怎么改变，老师还是我当年上学时的那些老师。"

他认为，这一点是极好的，他很喜欢。英语与宗教是他当时的第二专业，他说，大多数课程学生人数在 8 到 30 人之间。有一门课只有四名学生，这门课名为"尤利西斯精读"。他说，这门课主攻詹姆斯·乔伊斯的名作。另外三名学生中的一名是兰萨姆·里格斯，畅销书《怪屋女孩》的作者。

格林说："回首往事，我在课上收获了宝贵的财富。"他想起了有关很多同学的细节，让他感到同学们对他的重要性。他提到一门关于伊斯兰历史的课程。他还谈到一门关于耶稣的课，课上，他了解到"在公元 1 世纪，众神有子孙这种说法并不罕见。"他说，"这种观点并不

谦逊、渴望与成就：将遗憾转化成勇往直前，你将获得一个重塑自我的机会

激进。

他将目光转到 19 世纪英国浪漫主义文学。他说："在我的作品中，有很多的内容都参考了这类文学风格。我经常借鉴这种风格的文学作品。我希望能再上一次大学，这样我就可以多四年时间借鉴。"

他接着说，"那段时间奇妙得不可思议"，原因并不在于能与很多朋友住得很近，或是可以参加很多派对，也不在于校园美景或是初次感受成年人的独立生活，而是在于有安静的时间、空间和自由可以静坐和思考。他说，"周日早上花六个小时的时间阅读《简·爱》及其书评是迄今为止对时光最充分的利用。"他希望他过去做过更多这样的事。

虽然他在任何高校都可以做这件事，但是他并不确定这些高校能提供像凯尼恩学院这样好的条件。这样说的原因并不是因为凯尼恩学院是作家的摇篮，也不是因为这所学校创建了依然在甘比尔地区发行的凯尼恩评论。其原因在于凯尼恩学院的人与人之间的人情味和亲密关系。他的一名宗教专业教授唐·罗根会邀请他晚上参加多名教授诗歌朗诵的活动。当格林重新加入到小说写作课程时，这位教授成了他的指导教师和读者。

格林说，在他被高阶课程拒绝后，"我停止创作将近一年，那段时间感觉自己很没用。但是，在大四一开始，我重新执笔，写了一个故事——虽然还是很糟糕——但对我来说是个巨大的进步。"这本书讲述了一个新任职的路德会牧师回家证婚，结果同样见证了一场葬礼的故事，比我之前写的任何东西都要长。我当时觉得这本书写得很精彩，当然，我出了一份草稿，结果发现其实这个作品很糟糕。这种事情应该长存于记忆，并让它们在记忆中闪闪发亮。

格林接着说："总之，唐·罗根认真看了我的故事，并鼓励我将它写完，我至今依然记得在我毕业时把作品给他时他的评价。他说，'这个故事很有可塑性。葬礼的戏份太长，但是关于葬礼的描述总体上来说还算不错。'"

想起罗根和克鲁格，格林说："我想如果我去的是哈佛大学，或许我并不能收获这些人际关系。"

他说："我高中时期最好的朋友考入了普林斯顿大学。入学几个月后，他给我发了一封邮件：'学校里有很多愚蠢的人。'他高考拿到满分 1600 分，聪明非凡。他觉得很郁闷，周边的人并没有达到他预期的水平。"格林仔细研究了普林斯顿大学的学生，并得出结论，即学

谦逊、渴望与成就：将遗憾转化成勇往直前，你将获得一个重塑自我的机会

生在学校的经历与希望、成见、无法预见的互动、态度有关，这种经历是很客观的。

格林说："我相信在美国的大多数高校，学生都能获得优质的教育。同样，在任何一所高校都有可能接受到劣质教育。你可以勉强度日。"这是他通过观察周围的人和物所得出的结论。

他说："我的观点有可能不正确，但是我认为，上哪所大学并不重要。"

我倾向于同意他的观点，但是我后来发现，凯尼恩学院有多么适合他，就好比威廉玛丽学院适合贾斯汀一样。我在想，有多少学生能够发现，在常春藤盟校之外的高校读书，也能收获在常春藤盟校无法拥有的安心、动力或火花。这些学校看上去很重要，似乎会给学生带来不一样的体验。就如哈佛大学对某个人来说是重要午餐一样，对另外一个人来说，马里兰大学或罗切斯特大学可能也非常关键。

我提起马里兰大学是有原因的。我曾采访过一名毕业于该校的律师，他曾被哥伦比亚大学和宾夕法尼亚大学拒绝，他说，这对我来说是"一个严重打击"。他将

两所高校的拒绝信挂在寄宿学校宿舍床头的墙上，"以提醒自己更加努力。"在马里兰大学，他是刑事司法系的高才生，因为他既聪明又勤奋。后来，他考上了广受好评的纽约大学法学院。去年毕业的时候，他被一家曼哈顿重要企业录取，并获得令人羡慕的副职职位。

而我谈到罗切斯特大学的原因是，它是约瑟夫·罗斯的母校。

罗斯现年40岁。他高中毕业于位于布法罗郊区的一所高中。他说，他高中时期最好的朋友分别考入了哈佛大学、耶鲁大学、艾姆赫斯特学院、宾夕法尼亚大学和史密斯学院。他说："我是其中最笨的一个。我当时申请了宾夕法尼亚大学和康奈尔大学，两所学校都没录取我。"

于是，他去了罗切斯特大学，在那里，他完全不会觉得自己是最差的学生。他说："我上的高中竞争很激烈，我在大学期间表现得更出色。"他养成了一种更自信、更严谨的讲话方式，这是他从前不具备的。而且，他更加严格地要求自我，不仅尝试修完心理学和神经学两个专业，而且还辅修创意写作。

当他将目光转向从医时，他并没有费尽心思想要考入顶尖医学院。毕竟, 罗切斯特大学让他非常满意, 而这所学校并不在高校排名榜前列。他回忆道, 如果没记错的话, 当时他申请了两所高校, 纽约州立大学布法罗分校和纽约州立大学雪城分校, 两所学校在费用上都可以接受。最后, 他决定到布法罗分校就读, 并取得了今天的成就: 在耶鲁大学医学院工作。

他是内科医学老师, 经常在博客和出版物上发表文章, 这种热情得益于在罗切斯特大学的学习经历。他在非常年轻的时候就已经是《美国医学会杂志》内科医学副编辑。他对我说:"我想不出还有比这更好的工作。"至于他是如何拿到这个职位的, 他说,"我想我做过的最正确的事, 当然也是我在录取研究员时所关注的, 就是将精力放在我感兴趣的事情上, 而不是放在考入某所大学上。"罗斯更关注学什么, 而不是名校标签, 这或许也部分得益于罗切斯特大学。

或许是得益于西北俄克拉荷马州立大学, 现年同样40岁的特拉维斯·F. 杰克逊比周围的朋友更加努力。

杰克逊是一家全国大型企业驻洛杉矶的律师, 该企业主营业务为医疗保健行业。他的事业发展比他想象的要好, 为了发展, 他离开养育他长大的俄克拉荷马州的农场。他告诉我："我生长的小镇大约有一千人口，尽管我觉得可能这个数字中也包含了牲口的数量。"

他选择去西北俄克拉荷马州立大学读书，因为这所学校离家很近，学费也不高。他以最优等的成绩毕业，之后到圣母大学法学院继续深造，因为该校给他提供奖学金，数额足够支付他的助学贷款。他同样以全优的成绩毕业。

在圣母大学读书期间，他周围有很多来自精英学校的学生，而且从那时起，他身边的精英学校出身的人越来越多。他说这是因为他本科的毕业院校并不出名，"对于要与这些人竞争，我感到很害怕。但是，这也让我养成不要把事情想得理所当然的习惯。"

他说，冒昧地说，那些考上常春藤盟校的我的朋友，"他们并不会有这种想法。"他们并没有想要证明自己的想法，因为在他们看来，他们的毕业证已经是一种实力的象征。有意无意地，他们把毕业于名校看成是一个安全网。杰克逊说道，"如果我不努力的话，我没有任何东西可以依赖。"

确实，那些普通高校的学生有时候会因为所在学校光环比较暗淡而受到激励。他们不认为学校可以为他们

谦逊、渴望与成就: 将遗憾转化成勇往直前,你将获得一个重塑自我的机会

打开就业市场并对人生有所帮助,所以他们会更加努力地充实自己。同样地,他们也不会认为学校的氛围对学生有潜移默化的促进作用。学生们被迫要变得更有竞争力,这也会转化成自己的优点。

马丁内斯说,"你会被迫在一所小型高校里变得更有企业家精神,"这也是他在凯尔文学院的经历。刚开始,他对理论化学很感兴趣,但是学校无法提供他想要的全部教学指导。不过,学校有一间图书馆和一个关心学生、慷慨相助的相关院系。他发现他可以把他所需要的东西拼凑起来。回头来看,他在这种主动的不得不为的行为中看到了巨大的价值。

他说:"并不一定只有上名校才能获得成功。重要的是想清楚自己想要做什么,怎样才能做好,然后积极主动地行动起来。"

当我听杰克逊、罗斯和其他接受我采访的人讲述自己的故事时,我试图发现其中一种或全部的共性、主题、思维模式和行为策略,这些与追求"名牌"大学的墨守成规的做法不尽相同。在那些满足于现状的人的故事中,我发现他们有一种处变不惊的态度,当你盲目接受家长

和同学认同的分数并一个一个取得这些分数时，这种态度就消失得无影无踪了。我发现一种适应变化的机敏、一种尝试新方向的意愿和对周围环境中的特殊优势的关注，而不是执迷于关键时期对想象中的光环的选择。

希拉姆·柯多什是克莱蒙特麦肯纳学院校长，我发现，他告诉我的一些品质在现今社会少得可怜。他这样评论道，"一种完全线性发展的倾向"在如今很多的优秀人士身上得到体现。他承认，这并不是一个全新的现象。他想起在耶鲁大学法学院读书的时候，许多同学就是这样按部就班成为律师的。他说，他们的想法是，"如果能有去联邦法院实习的机会，最好是去最高法院。为了实现这个目标，我需要拿到耶鲁大学一位有名望的法学教授的推荐信。为了拿到推荐信，我需要在上大三的时候给他当助教。为了能当助教，我得在大二期间在他们的监管下完成法律评论。"

想起这个，柯多什摇了摇头，说道："你成为一名优秀学者的原因不是因为你的努力，当你望向窗外，发现这幅独特的绘画作品有什么问题的时候，你便成了一名优秀学者。"

考入精英学校的学生中，肯向窗外望的人并不够多。

相反地，他说："他们有想要得到的工作，在他们衡量了别人的事业之后，创建了一个直线发展路线。老实说，我并不知道有谁是扶摇直上获得成功的，可能有这样的人，只是我不认识而已。"

我认识一些发展很顺利的人，但是，他们的起步点通常不是从幼儿园开始，或是从中学或高中开始，他们的里程碑式的成绩也不是 SAT 成绩，或是被录取率在 15% 以下的学校录取。他们的关注点在于他们为真正要做的事做准备，补充需要具备的技能、不放过任何能够证明自己的机会、尽力把握住更难得的机会。获得成功一般是这个套路。

美国有线电视新闻网主持人克里斯汀·阿曼普的成功经历就是这样的。她在新闻界的地位举足轻重，当作家西拉·维乐选择三位电视记者编辑在她 2014 年出版的新书新闻俱乐部时，她将阿曼普、凯蒂·柯丽克和戴安娜·索亚编成一组。我见过阿曼普几次，在询问她的毕业院校前，对她也多少有些了解。我像其他人一样有着可怜的思维定式，基于她所展现的博学和优雅的英语语音，我觉得她可能毕业于牛津大学或剑桥大学，而罗德岛大学这个名字确实让我很惊讶。

　　阿曼普成长于伊朗一个富裕环境中，确实也在英国上过寄宿学校。她说："我想当医生的想法并没能实现。我的成绩不够好。我当时有些失落，沉浸在学术的旷野中。高中毕业后好几年，我都没继续上学。"

　　在伊朗暴发战乱后，她发现她对国际事务产生了浓厚的兴趣，她想成为一名记者，但是，她的父母无法给她提供资金支持，这也使得许多高校成了难以企及的目标。她想到美国学习——因为好多朋友都飞去那里了——并且锁定了罗德岛大学，因为该校的费用不像其他私立高校那么多，而且她家里的一个朋友认识该校校长。原因很简单，过程也很迅速普通。像迪克·帕森斯、康多莉扎·赖斯、霍华德·舒尔茨和其他人士一样，她选择高校的方式是目前许多孩子和家长不需要使用的。

　　或许因为阿曼普直到 21 岁才开始大学生涯，抑或是因为她的资金有限，她对毕业证书发起了极速冲击。她1980 年 1 月入学，六个学期后，即 1982 年 12 月就修完了全部学分。上学期间，她还在普罗维登斯市一家当地的电视台兼职。这家电视台离位于罗德岛金斯顿市的学校有 45 分钟车程。她说："我不在学校住。我和朋友一起住在普罗维登斯市。有意思的是，我的朋友实际上在布朗大学就读，这也使得我能够对两种校园环境都有了解。"（曾有一段时间，室友中有一名布朗大学的学生，名叫小约翰·F.肯尼迪。）

她说，在新闻课上所学到的知识非常有用，但是她在校外的时间也同样重要。最重要的是，她知道了自己想要什么——从事新闻行业——并鼓起勇气向着目标冲击。她说："我的人生经历使得我比遇到的其他大一、大二、大三新生视野更广阔。"她还补充说道，"我随后的成功是我所接受到的教育与对努力工作的深刻理解和坚定决心相结合的产物。这是我的个人动机。我系统地、按部就班地爬梯子——实习、从美国有线电视新闻网的基层做起、最后到达梯子的顶端。我的毕业学校名称与我的事业发展完全无关。"

我的朋友斯科特·派斯克有同样的观点。像对阿曼普的了解一样，我同样有很长一段时间不知道派斯克毕业于哪所高校。我知道派斯克在三十岁左右的时候获得耶鲁大学美术专业研究生学位。他并不是本科毕业后直接读研的。但是，我们从没聊到过他的本科毕业院校，直到我们认识七年后。说起来这已经是十年前的事了。派斯克是亚利桑那大学毕业的。

派斯克是百老汇备受尊敬的布景师，曾荣获三次托尼奖，还有很多次提名。他与希拉姆·柯多什想象的那种人完全吻合，因为他赞成不要一帆风顺、扶摇直上的人生。

派斯克亚利桑那州的尤马长大。他的家庭条件并不富裕，因此当他考虑大学入学时，费用是一个主要因素。他选择了亚利桑那大学。他想学建筑——他说："我喜欢画房子，也喜欢看房子。"——据他前期了解，亚利桑那大学是很适合他的高校。他注册了该校的建筑学院，按照他的说法，这个学院是"一所掩藏在更宏伟的大学建筑中一个小型、严谨的学院"。他很快与其他同学打成一片，并和院里的教授建立了联系。他们经常交流，谈话很有深度，也很有各自的想法。

他酷爱这种交流。即便如此，在大家激烈探讨的时候，他并没有局限于建筑这个话题，也没有抑制或局限住他的好奇心。偶然的一次机会，百老汇音乐剧来小镇演出。他发现自己深深沉迷于其中。观看音乐剧《猫》的时候，他在想是谁构想并搭建的舞台背景以及整个过程是如何运作的。他说："我以为这是人们某些特殊爱好，我想象不到这是一种职业：设计、服装和灯光。我还在想，

'这些人怎么会有时间做这个？'"他们肯定有其他真正的工作，来支付各种账单。

尽管亚利桑那大学戏剧项目的大部分课程只针对专业学生，然而派斯克还是决定注册一门他所了解的布景设计课程。他说："课程对注册的学生有要求，我一条都不满足。但是我拿了几个我之前设计建造的建筑模型过去，然后他们就同意我上课了。"之后，他又说服某个人帮助他完成了一个校园作品。他说，"这就好比是沿路亮起来的灯。"

他努力前行并获得了建筑专业学位，但是新的想法在他的脑海中不断翻腾，他有了新的计划。在没有任何行程安排的情况下，他动身前往纽约城。他的第一份稳定工作是在第五大道的保罗·史密斯服装店。他通常在柜台工作，有时候也负责整理 T 恤衫。他说："我整理得又快又好，我对整理配饰很在行。"一年后，他甚至被允许装饰圣诞橱窗。

他不断地与所见过的艺术家和演员建立友谊，并抓住各种与他们合作的机会。他还自愿为纽约夜店的常规派对活动搭建巨型壁画。他为那些有抱负的舞者所参与的普通演出免费做布景。当在布景设计行业正式开始工作时，他全心投入，不是因为他有十足的野心，而是因为他很喜欢这项工作。直到而立之年他才意识到，这个工作可以成为他毕生的事业，于是他申请到耶鲁大学继续深造，以求扩展自己的专业知识，并打响自己的名声。

现在，他经营着自己的工作室。这是一个严肃而成功的事业，这个工作室位于曼哈顿。在校生和刚毕业的学生会惯常地提出拜访，他通常都会同意。然而，很多学生或毕业生需求的不是建议或鼓励，而是关于每一步应该怎么走的具体信息，这一点让他很崩溃。这些学生希望按照剧本采取行动。

他语调高昂、语气强烈地对我说，"没有地图！"如果有人坚持要画一幅地图，上面显示他成功事业的终点，他们恐怕不会将亚利桑那大学和保罗·史密斯服装店画在上面。

第十章

**打破名校迷思：生活不应被
简化成公式，而努力将会
改写你的人生**

"如果你天资聪颖却努力不足，你将会也一定会被那些虽然资质平平但却加倍努力的人超越。"

——布里特·哈里斯
桥水联合基金前任总裁，德州农工大学 1980 届毕业生一直以来，大学都被看作是取得专业成就和自我实现的一个关键入口——甚至是唯一的关键入口。家长们对孩子应该上哪所大学心中有数。孩子们以录取自己的高校为傲。学校的等级分化现象并不新鲜，有些高校会比其他高校得到更多赞誉。那么，在过去的十年中，到底如何解释对名校的狂热现象呢？这种现象又为何会越演越烈？

当我问艾姆赫斯特学院前任校长安东尼·马科斯是如何看待造成名校狂热症的原因时，他首先提到了一个现象，这个现象同样也在我脑海中停留很久：对地位和标签的重视程度不断加深，而高等教育也被同化了。他说："人们不会炫耀他们的名字、家乡或高中。那么他们会把什么贴在汽车的后挡风玻璃上？大学。这与所受高等教育的高校名声有关。当然，我们希望孩子能受到优质的教育，并能遇上改变他们人生的朋友。这些都是他们会经历到的。但是，光环效应同样存在。"

然而，情况不只如此：标签已经存在了几十年。影响其存在的原因是对专家的崇拜。二十年前本没有私人教练，人们相信可以靠自己的力量健身、流汗并保持身材。但是如今，教练在城区的中上层社区已经随处可见。这些社区里最奢侈、最随性的居民还会有私人营养学家、医疗专家和购物助理，甚至有些家庭的孩子也同样享有这些私人服务项目。很多有钱人似乎相信，从大腹便便到孩子的懒惰情绪，只要有钱、有专家，任何事都能解决，任何事都可以委托他人去做，任何事都可以外包。这种思维模式就是那些自主大学顾问滋生的土壤，他们的繁荣催热了大学入学过程，无论对象是那些聘请他们的家庭，还是那些因无法聘请他们而担心受到惩罚的家庭。

大学费用加剧了情况的恶化。家长们每年花费六万美元在孩子的学费、住宿费和路费上，希望给孩子提供并让孩子享受到最豪华的条件；而更多的学生，因他们的家长负担不起高额的费用而需要竞争奖学金，这些学生的入学成绩、排名情况以及 GPA 成绩要比其他同学好。

一些大学入学顾问告诉我，那些所谓自拍一代的真正

打破名校迷思：生活不应被简化成公式，而努力将会改写你的人生

自我陶醉的情绪有时可能会起作用，这些孩子希望能考进符合他们自尊的名校。名校才是他们的去处，是他们应该去的地方。最重要的是，社会媒体给这些孩子提供互相交流的途径，并将他们之前没经历过的生活发布在随处可见的公告牌上，通常来讲，对于这些公告牌上的信息，无论是否与大学相关，学生们从思想和行动上都会铭记于心。在提前批次和普通批次入学通知发放期间查看一下高中四年级的脸书页面，你会看到大量的关于哪位学生考上哪所大学的更新信息。如同现代社会的很多方面一样，大学入学的过程有了从未有过的公开程度。

然而，大学顾问们说，家长们才是这种狂热症的主要发言人，这是对他们试图在最后时刻微观操控孩子生活、保护他们免受自尊心伤害的美化说法。如果说在选择高校之前他们一直是普通的直升机父母，那么之后他们升级成了黑鹰直升机。

定制教育公司家教服务部分领导蒂姆·莱文说："家长们为孩子付出了太多，孩子们也很努力。这个过程你无法控制——也许这是你人生中的第一次——这个情况很诡异，因为即便你所有事情都按部就班，你依然可能得不到你想要的，这会使父母疯掉。他们选择了优质的

学校、优秀的教练、适合的博物馆，他们控制了所有变量。突然间，他们遇到无法控制的情况，就会有些精神失常。"

特别是，他们中的许多人感到，美国人生命的这个阶段与其他阶段不同。这个阶段是重中之重，或许是人生的关键点。全世界范围内的竞争越来越激烈，美国的霸权主义和影响力不可同日而语。贫富分化的日趋严重使得最终站在跷跷板的那一侧的赌注变得越来越重要。普林斯顿大学经济学教授艾伦·克鲁格说："是否能排在前 1%、5% 或 10% 比以往任何时候都重要，所以，如果人们认为考上一所名校能够帮助自己排在社会阶梯上层，那么他们会更关注。"

像克鲁格一样，瓦瑟学院校长、经济学家凯瑟琳·邦德·希尔也同样发现大学入学狂热症背后的"收入差距正在扩大"的现象。"能够达到家庭收入排名位于全国前百分之几的好处比三四十年前多好几倍，而人们可以通过到精英学校读书来实现这个目标。"

对于那些没有大学文凭的人来说，薪资水平很高的工作越来越少，近年来，即使拥有大学学历，也没有足够多的好工作可供选择。年轻人中对于这种现状的担忧和认识可以从麦克网（译者注：Mic.com）在 2014 年夏季发表的一篇图文短文中看出来。麦克网是一家新闻与评论网站，服务对象为 30 岁以下的网民。该文表示，从 2000 年至 2010 年，18 至 24 岁之间注册大学的人数提高了 29%；同一时间段内，有大学文凭的门卫数量上升了 69%。文章夸张地将其评价为可能是"史上最可悲的经济统计数据"。

在过去的十年间，大部分时间国内生产总值呈龟速上升，而一直与美国精神密不可分的乐观主义已经不复存在。21 世纪，在统计大多数美国人对国家的发展方向表示满意的程度时，只有三个百分点的降低，这都来自于当美国人有理由把自己摆在一种防御心态时的紧张、恐慌的时刻，包括：因乔治·W.布什的上任而展开的就佛罗里达州的计票情况展开的激烈法律较量以及最高法院的介入；"9·11"恐怖袭击之后的日子；美国入侵伊拉克的那个月。这些事件都发生在 21 世纪刚开始的前四年。

之后的十年，用民主党政治战略家道格·索斯尼克的话说，是"愤怒而不满的十年"。这个结论经由《华尔街日报》和美国国家广播公司新闻部设计的民意调查得出。该调查结果显示，相信国家正处在错误的发展轨道上的美国人比持相反意见的美国人数量多。索斯尼克在一篇政治题材的备忘录中写道："在我们国家历史上，这种情况是首次出现，欧洲的社会流动性比美国强。"这篇备忘录在 2013 年年底发表在政客杂志及其网站上。

美国人太渺小了，也变得很悲观。盖洛普咨询公司在 2014 年年中对美国人民进行民意调查，询问他们世界"领先的经济强国"是哪个国家，有 52% 的人将票投给了中国，只有 31% 的人把票投给了美国。越来越多的美国人将票投给中国而不是自己的国家，这种现象已经连续发生六年。这种悲观的情绪和怀疑的态度持续在 2014年 8 月开展的《华尔街日报》和美国国家广播公司新闻部民意调查中体现。调查显示，年龄在 18 岁及以上的美国人中，有 76% 的人表示他们的下一代会比自己的一代强。同样的调查中，认为美国正处在错误的发展轨道上的美国人上升到 71%。

安东尼·马科斯说："美国人很久没有这种感觉，或是有这么深的恐惧。所以，可想而知，人们会努力寻找任何能让孩子脱颖而出的点子。"备受尊重的名校就成了其中之一。在那些诚惶诚恐的家长眼中，这是一种可能的保证，至少也能让箭筒里多一支箭。

所以，他们干涉、哄骗并集结一切可利用的资源，以实现让孩子考进大众眼中闪闪发光的名校的目标，并相信做这件事是有责任感和关怀心的体现。至少大部分家长都是这样做的，他们安排孩子去做那些很有可能会以失败告终的事，打情感牌来鼓励孩子付出努力，从而将失败转化为伤心，并将社会上进入成功者的圈子，进不了这个圈子就会出现很多问题的观点根植在孩子的心里。

哥伦比亚大学美国研究专业教授安德鲁·德尔班科说："讽刺的是，家长们最后想要的到底是什么？他们想让孩子生活得开心。但我并不认为对大学入学过程进行投资能实现这个目标。"

我也不这样认为。对于这种狂热症，我还有两个特别需要抱怨的方面。这两个方面之所以凌驾于其他方面之上，有两个希望孩子和家长能听进去的重要原因。第一个原因是，正如同斯科特·派斯克所哀悼的和威廉·德莱塞维茨所关注的一样：大学入学狂热症关注于有限数量的可被接受的结果和对实现这些结果的细致指导，这种关注引导人们相信生活需要详尽的食谱。这个想法很安逸，却也大错特错。第二个原因是，这种狂热症违背了努力学习的真意和价值，鼓励为特定目标提供特定服务的行为，并将这种行为当作从 A 点到达 B 点的实用的桥梁，而不是一种热情的表现、人生的习惯及可再生的能源，而恰恰后面这一类才应该是狂热症真正应该体现和实现的。

说到秘诀，麦凯恩的竞选策略员史蒂夫·施密特告诉我，近年来通过与精英学校学生们的互动，他的印象与希拉姆·柯多什相似。他说："我会在斯坦福大学演讲，也曾在各种场合下在哈佛大学肯尼迪学院发表过讲话。这些学校中有一大批超级有野心的孩子，他们是好孩子，他们真诚而投入。但是，他们掏出笔记本问'你是如何成功的？'他们希望你能给他们提供一个公式：如'参加工作第 246 天，你应该这样做。'我对其中的一个孩子说：'我给你个建议。你应该到航行在加勒比海上的一条船上工作六个月，或是找个酒保的工作。'他感到很吃惊。然后我说：'我是认真的。生活不应被简化成公式。幸运属于随机事件，随时都有可能降临。'"

至于努力，几乎所有我采访过的成功人士都将他们的成就归功于此。有时候，他们会用另外的词语来形容，用华丽的辞藻将其修饰。但是通常，它会隐藏在他们言辞的重点中、建议的精华中以及他们所谈论的工作中，而不是那种目光短浅的简单如一份高考成绩、一个科学项目或一篇论文中。他们所谈论的是现在和未来都将凌驾于这些简单工作之上的事情。

当我问 Y 孵化器的萨姆·阿尔特曼，如何区分那些获得成功的创业企业家和那些以失败告终的创业企业家时，他就是这样区分的。他说，最后的最后，最重要的是要真心热爱、深深热爱你正在制作的产品、你正在销售的产品和你正从事的事业。他赞美努力和毅力。"决心"是他的形容词。对我来说，这个词是努力的同义词，至少是努力的一个元素或副产品。

在我与他进行电话沟通的一周后，我恰好碰上在母校德州农工大学教"投资巨头"一课的富有的金融家布里特·哈里斯，并跟他喝了一杯。他告诉我，主要因为投资巨头这门课，他更深入地思考了最成功人士的成功之道。野心？当然，他们都有野心，但是很多没有取得成功的人同样有野心，有时甚至有更大的野心。能力？当然需要，但是能力并不能将人一路带上成功的巅峰。顾问？有帮助，如果有人找到一位机智又慷慨的顾问，你无论如何也要充分利用他／她。但是顾问并不是决定性的优势。

哈里斯通过讲述五年前他在普林斯顿大学给一百多名学生所做的一次客座演讲，与我分享了他的结论。他对学生们说，给他们演讲他感到很荣幸也很受宠若惊，并对他们说："你们的智商水平超出正常范畴。我想向你们坦诚——并不是假谦卑——在我的人生中，我从来没想过能被普林斯顿大学接受。我自己都会自我否定。"

他记得曾这样告诉他们："我已经五十多岁了。曾经管理过七家相对重要的组织，也很幸运能拥有毕业于普林斯顿大学的员工。但是，我从没给普林斯顿大学的毕业生打过工。对于这件事你们怎么理解？"

随后，他给出自己的理解："我能做到全身心投入。如果我决定要做一件事，那么我会很投入，每天都百分之百地投入。"他这样对学生们说，随后又对我说，这是他最大的优点。他解释道，能做到机械式的、持久的努力比上哪所大学更重要。

我所认识的家长中，很少有人会反对这一点。大多数人直觉地相信这个观点。这算是一种常识。大学入学狂热症恰好会把这个品质从我们身上排挤走，它使我们忘记我们天生就知道的事。

打破名校迷思：生活不应被简化成公式，而努力将会改写你的人生

  例如，我们知道很多人会在晚年取得成就——在上大学之后，有时甚至是几十年后——他们入学时招生官给他们的评价，甚至是当他们完成高等教育时的自己并不是多年后的自己。我们知道从现在推测遥远的将来是蠢人的游戏：不同时期，我们会展现不一样的自己。其中一个版本的自己存在于大学时期。人生途中，其他版本的自己会出现。这些版本的自己将会应对专业及个人情绪上的问题，这些都是我们无法预期的。

  我们知道，许多认定某人取得专业成功的特质——与满意程度不是一回事——并没有完全反映在高中成绩单或大学入学申请上。许多人在事业及人际关系上大放异彩，因为他们能维持自我的品质、保持与周围人建立积极关系的才能、保留区分轻重缓急的情感和智慧。他们的天赋不在于可以测量的智商，而在于他们的人格品性，虽然这些品格可能来源于优异的成绩、对他们有好感的老师的好评，或是凭借名气而获得的领导位置，但是如同其他能通过测量而知晓的天赋一样，这些品格并不能同样展现在给招生官的评估材料中。

  我们知道，通常来说，遭遇逆境时、对逆境的应对措施，以及求而得之的时候，包括获得耶鲁大学的"录

取"或芝加哥大学的邀请，这些情境中也很容易看出人的品格。实际上，大学入学过程中最有可能成为激发潜力的关键因素的是拒绝信。部分原因在于，大学是具有破坏性的，并且应该具有破坏性。大学是改造人的地方，而不是让十七八岁的孩子定型为现在的样子。这样看来，失败可能成为跳板。想到如何从失败中恢复过来的办法绝对要比任何毕业证有益得多。

我们还知道，或者说应该知道，通过将选择大学的过程变得焦虑不堪，我们选择了一个令人兴奋的十字路口，并将其转化为五味杂陈的伤痛。上大学：这个词组——这段旅程——已经失去了它曾经拥有的兴奋感，原因并不在于有很多的美国人都在追求接受高等教育，使上大学变成一种普遍。不，我们从大学里吸收了魔法，上大学使我们卷入冗长乏味的、刻板的对现状的成见中。

然而，事实并非全部如此。尽管所有家长都会问她，为什么他们的孩子没能考进常春藤盟校，尽管有些学生会表现出愤世嫉俗、尽管他们坚持不去考察那些很棒但却不太出名的高校，尽管有名校狂热症的存在，这依然是激励乔特罗斯玛丽中学大学顾问塔拉·道灵前进的动力。

道灵说："每一年我都会问自己：'我还想接着做这

打破名校迷思：生活不应被简化成公式，而努力将会改写你的人生

份工作吗？''我还想再做一年吗？'但是最后，作为没从顾问那里得到任何帮助的家族中第一位大学生，作为人生因上大学而完全改变的人，我相信高等教育带来改变的能力，以及在申请大学过程中收获的自我意识和自我实现。"

如果学生能够得到正确的指引，如果能够开始流行对学生冷静程度的衡量，那么"孩子们便开始认识自己"，她这样说道。"孩子们开始意识到他们想要什么。我喜欢成为过程中的一分子：看着他们走向光明的未来，看着他们走向成熟。最后，他们都考上了大学，他们的人生也被改写。"

还有一些其他的事我们也知晓，而忘记这些事或许让人更奇怪也更伤心。我们知道到哪所高校上学与人生成就的关系比起其他项目与人生成就的关系小很多，这些项目包括：我们选择人生伴侣的智慧；我们与小区其他人的互动；我们对原家庭与新组建家庭成员的慷慨。我们知道，没有任何高校能与做好上述任何一件事相比，更别提将几件或全部事情做好。但是随后，大学申请临近，并将以上全部的认知排挤到别处。

这正是让苏珊·博德纳感到为难和惊悸的所在。

Epilogue

后 记

在前面的章节中，我提到过博德纳。她是被精英幼儿园拒之门外的罗南的妈妈，而罗南就是那个唯一一个拥有一只在跳的青蛙的男孩。当我在 2014 年夏季联系到她的时候，罗南已经结束了高中三年级的课程，并即将开始高中四年级前的暑假生活。她对我说："现在的感觉和当时有些像。只有他的青蛙在不停地跳。"

当时我们在通电话，那时，罗南即将结束高中生涯。他正在等待一门英语课论文的最终成绩，他很想得到 A-。他很害怕只拿到 B 或 B+。因为英语本应该是他的强项，而 B 或 B+对常春藤盟校来说似乎不够优异。

在我们刚开始谈话的时候，博德纳就告诉我："我儿子正在发给我他的最后分数。"她的语气很紧张。她自己也意识到了，并向我道了歉。她恨自己为何如此紧张，但又不知道如何能做到不紧张。她发誓不再提及这个即将揭晓的英语成绩。

但是她却不断地打破自己的誓言。她猜测到，"估计他的英语成绩会是个 B，他的第一个 B，也将是大学梦的终点。"

罗南在曼哈顿的三一学校读书，我之前曾提到过这所学校的低录取率。他的妹妹就读于纽约市另一所号称"常春藤高中盟校"的私立学校贺拉斯曼学校。但是心理学家博德纳和她的丈夫——一名技术研究员，没有富裕到能够支付三一学校和贺拉斯曼学校的费用，两个孩子都拿到半额奖学金。直到罗南上了高中三年级，她才因没像其他孩子在这类学校上学的家庭那样过着奢侈骄纵的生活、没参加过他们昂贵的例行活动并像大多数美国人那样找到开源节流的办法而感到庆幸。

他们的假期并不是在豪华度假村度过的。他们进行了徒步和露营。他们很少去餐馆吃饭。博德纳说："我每餐都自己做。"当其他父母为孩子的生日派对找厨师和室内设计师时，博德纳觉得她可以通过自己的努力和独出心裁做到同样好。她说："有种方式能使我们感到与其他人的平等，一切都很不错。"

随后她说道，"好像某个滑雪的人一头撞向我，并且撞到了我的脸。"

之后的对话全是在三一学校高中三年级时关于考大学的话题。她后知后觉地发现，她和罗南周围的家庭和孩子都在做精心准备和巧妙布局。她还努力观察着考入顶尖高校的机会已经变得多渺茫。罗南是个模范生，她常常认为他能考入理想的大学，但是模范生已经不够好了。

她说，随着暑期的临近，"一个朋友无意中对我说：'我儿子将去耶鲁大学读一周的法律预科，然后与斯特拉·阿德勒共同学习（表演）四周，之后再到哈佛大学参加医学预科项目。'她儿子才刚大二结束，准备上大三。听到这些，你会感到心悸。就是心悸。我儿子要去参加音乐夏令营，这已经是他第四年参加这个活动了，因为他很喜欢音乐。"

三一学校为一小部分学生提供详尽的高考辅导，当然，罗南参加了辅导班。但是，他并没有请另外的私人辅导：这项开支超出了家庭预算，也超过了学生应该享有的权利和特权。罗南已经在被认为是纽约市最优秀的中学之一的学校读书。这些附加课程似乎有些令人生气。不过博德纳依然会想：没想办法让孩子上这些补习班是不是错的？

她说，例如，"我们从来没让他参加过周六大学预科项目。事实证明，这个项目很重要。暑假期间，有的孩子并没有去徒步或是露营，而是参加费用很高的世界社区服务之旅。"罗南却没有参加。

她说："我们没有攀比，也不会去攀比。"

她说，她以前从没这么想过，现在也不希望有这样的想法，但是，她也希望自己的儿子能有机会做出人生中的任何选择，并拥有任意优势，包括考上引人注目的名牌大学，至少要能考上他自己喜欢的大学。她不希望罗南怀疑自己或是感觉很受伤。但是，他们正在朝一个专门设计的会让他受到打击的交叉路口飞驰。

"突然间，我们就被运送到另一个宇宙，即成为潜在申请者中的一员。"她在一封电子邮件中写道。"我们发明了像子弟、多样性、制度优先、常春藤盟校等这样的新说法。突然间，我的儿子需要经由题目、评估和分数线被审视。"她不希望罗南接受这些，但又不知道如何负责任地带他远离。她接着说道，"我们不知道如何从这列火车上下来。自从春假我们参加大学游之后，我就没睡过好觉。我会哭着醒来，觉得很难过。我在考虑药物治疗。是的，是我吃药，崇尚健康的女士，连感冒药都没吃过的我。"

最让博德纳对这些的怀疑态度感到奇怪的是，通过她自己的心理治疗过程，她看到了当孩子被允许和鼓励全情投入到入学游戏及其结果中时，其后果会有多严重。回想过去，她探讨的是被吸进"旋涡"里的十几二十岁的年轻人。她在一封电子邮件中写道："我们仿佛就是摆着孩子气姿势的量产的完美机器人。"

她在电话中说："他们都不像孩子了。他们并没感觉到所做的一切都是为了自己。他们正在经历成功，但却不是来自内在。而且，他们还因此有了很多心理问题：强迫症、因为不够完美而惊慌失措。"对于发生在大学校园里的学生熄灯后吸毒和酗酒事件，她百思不得其解。这种事件的根源是学生对精英学校的固执追求而导致中学时期压力过大、课业太过紧张吗？

这种可能性吓到了她，于是她在寻求某种平衡。她曾试着为罗南取得的成绩庆祝，无论他是否顺利考上大学。她不断提醒自己，像哈佛大学、普林斯顿大学或耶鲁大学这样的高校或许根本不适合罗南。她说："罗南不具有领袖精神，他喜欢森林，热爱诗歌。因此，这种学校对他来说不是助推器，而是灾难。谁知道？哪所学校会让他开心？哪所学校会欣赏他？我们对他说：要诚实地做自己。他的通用申请信将会谈到他对去荒野探索的渴望。这封申请信会获得青睐吗？或许不会。但是，信中所写的就是他的样子。"

我们通电话的时候，她还在等着罗南的英语论文最终成绩。在电话挂断前，成绩出来了。他得了个 B+，这个论文成绩也是罗南这门课的成绩。第二天，博德纳给我发了一封邮件告诉我，罗南回家的时候，因为没能获得更好的成绩而"对自己的失败感到很沮丧"。她在邮件中写道："他认为自己已经没有激情了。他才 16 岁而已！"

她接着写道，"我们是这样对他说的"。在她的邮件中，我

258

看到与戴安娜·莱文对儿子马特，那个着迷于耶鲁大学、普林斯顿大学和布朗大学，但最终却去了理海大学的男孩相似的开解之辞。博德纳对罗南说："这并不是你人生旅途的终点，这只是一个学习的过程。无论上哪所大学，你都会比原来更优秀，因为你获得了宝贵的经验。你还有很多时间去提升与自己兴趣相关的能力。一定可以。相信自己内心的声音，总有一天，你会将内心的能量全部释放出来。别放弃。"

我想对她说：这些文字证明了，你的儿子拥有了某种比他在任何一所大学所能得到的更重要、更有价值、更持久的品质，因为大学只是他的临时落脚地。他的终点你已经赋予了，即他大学之前所拥有的，以及之后即将拥有的，并珍惜已拥有的，期待将收获的。

你曾对我说过，当你们一家四口一起去露营的时候，你们不仅"天南地北地聊天"，还"一起唱歌"。罗南将永远记得这段旋律。你曾对我说过，对于你们夫妇而言，家庭"一直是我们存在、相亲相爱和活着的意义"。这个论调也将成为罗南的信仰。只要一直有接触，那么荒野和诗歌也将成为他的毕生追求。

你对我说过："他举手投足都充满热情。"如果在疯狂的大学十字路口和之后的时光中，他依然能保持这种热情，他将会成为一名有魅力的人。同样可能是一个开心的人。

致　谢

曾帮助过我的人——那些我采访过的、给过我建议的、给过我鼓励的、对我很有善意的——不胜枚举。我希望所有的读者都能认清自己，并要对你们表示感谢。我将感谢名单缩短至那些没有他们这本书就不存在的人。向汤姆·尼古拉斯、埃莉诺·伯克特、珍妮弗·斯特恩霍纳、亚历桑德拉·斯坦利、盖尔·柯林斯、崔西·霍尔、安迪·罗森塔尔、芭芭拉·莱恩、安妮·科恩布鲁特、坎贝尔·布朗、本·格林伯格、麦迪·卡德维尔、杰米·拉布、丽莎·班科夫、罗伯特·奈尔斯、艾利克斯·哈彭·莱维、苏珊·博德纳、戴安娜·莱文以及我的叔叔——布鲁尼家族的教育专家詹姆斯·布鲁尼表达我最诚挚的谢意。